黄粉虫的虫态与管理

刚孵化出的
大麦虫幼虫

刚化蛹不久的
黄粉虫蛹

刚进入成虫状态

黄粉虫的
成虫（群体图）

管理黄粉虫的蛹

黄粉虫蛹（群体）

黄粉虫蛹

黄粉虫幼虫

黄粉虫种虫

即将化蛹的黄粉虫

挑选黄粉虫

黄粉虫虫皮

干燥黄粉虫

黄粉虫干

黄粉虫干的贮藏

养好可以利用的
黄粉虫

黄粉虫的饲料与投喂

黄粉虫
的成虫投饵

黄粉虫
取食面包

黄粉虫饲料

黄粉虫
正在取食菜叶

黄粉虫
正在取食馒头

投喂黄粉虫

养殖黄粉虫的糠

用来饲喂
黄粉虫的青菜

用麦麸饲喂的黄粉虫
（正在取食）

种黑麦草养黄粉虫

用黄粉虫饲喂动物的效果

饲喂黄粉虫的草鸡

饲喂黄粉虫的蟾蜍

饲喂黄粉
虫的观赏鱼

饲喂黄粉虫的黄鳝

| 饲喂黄粉虫的甲鱼 | 饲喂黄粉虫的蓝孔雀 | 投喂黄粉虫的陆龟 | 用黄粉虫喂蛋鸡 | 用黄粉虫喂蜥蜴 |

| 用黄粉虫喂龟 | 用黄粉虫喂拉步甲成虫 | 用黄粉虫喂拉步甲幼虫 | 用黄粉虫喂蛙 | 用黄粉虫喂养蝎子 |

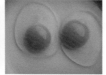

用黄粉虫养虫子鸡　　用黄粉虫养鸡下的蛋　　用黄粉虫喂养的蝎子

黄粉虫的养殖

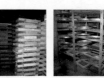

工厂化养殖车间　　工厂化养殖架式养殖　　规模化养殖黄粉虫的车间　　立体式养黄粉虫

面盆养殖黄粉虫　　木箱叠式养殖黄粉虫（未加盖时的情景，侧面开有透气孔）　　木箱交错式养殖黄粉虫　　盆养黄粉虫

室内水泥池
养殖黄粉虫

塑料盆养黄粉虫

箱养黄粉虫

养殖筛

用塑料盆规模化
养殖黄粉虫

幼虫的集约化养殖

塑料桶立体
养殖黄粉虫

病死的黄粉虫

黄粉虫菜

黄粉虫也是很好的动物蛋白

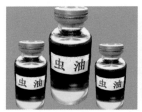
黄粉虫油

用黄粉虫做钓饵

蜕皮过程中死亡的黄粉虫

黄粉虫

家庭养殖创业入门

占家智　羊　茜　编著

中国农业科学技术出版社

图书在版编目（CIP）数据

黄粉虫家庭养殖创业入门／占家智，羊茜编著．—北京：中国农业科学技术出版社，2020.8

ISBN 978-7-5116-4603-3

Ⅰ．①黄…　Ⅱ．①占…②羊…　Ⅲ．①黄粉虫-养殖　Ⅳ．①S899.9

中国版本图书馆 CIP 数据核字（2020）第 017627 号

责任编辑	张国锋
责任校对	贾海霞

出 版 者	中国农业科学技术出版社
	北京市中关村南大街 12 号　邮编：100081
电　　话	（010）82106636（编辑室）　　（010）82109702（发行部）
	（010）82109709（读者服务部）
传　　真	（010）82106650
网　　址	http：//www.castp.cn
经 销 者	各地新华书店
印 刷 者	北京富泰印刷有限责任公司
开　　本	880mm×1 230mm　1/32
印　　张	7.25　彩插　4 面
字　　数	238 千字
版　　次	2020 年 8 月第 1 版　2020 年 8 月第 1 次印刷
定　　价	38.00 元

前言
PREFACE

　　黄粉虫原是一种世界性的仓储害虫，现在经过不断开发，已经形成一个产业链，尤其是作为优质饲料源的开发，被誉为"蛋白质饲料宝库"，具有极大的开发价值。

　　目前我国已经开发了多种多样的养殖方式和养殖模式，为了让全国各地的朋友了解并掌握这些实用技能，能通过这条小虫达到自主创业、发家致富的目的，我们参考了多种资料，请教了相关专家，拜访了一些养殖户，编写了《黄粉虫家庭养殖创业入门》一书。本书的内容主要包括黄粉虫的饲养历史、国内外利用情况及开发前景、形态特征和生活习性，重点介绍了各种养殖方式，尤其是针对规模化人工养殖技术、黄粉虫的贮存与运输等都作了重点探讨，同时对黄粉虫的饲料来源、加工方法及配方作了介绍，最后还对黄粉虫的病害防治、综合利用作了简单介绍。对那些提供帮助的养殖户朋友、专家和部分资料的原作者表示诚挚的感谢。

　　由于我们的水平有限，在编写过程中难免有所失误和疏漏，在此恳请读者朋友指教批评，以利于再版时方便改正。

占家智

2019 年 12 月

目 录
CONTENTS

第一章　创业入门应掌握的基础知识

第一节　黄粉虫的基本情况

一、黄粉虫养殖的概况

黄粉虫 *Tenebrio molitor Linne*，俗称面包虫、面条虫、高蛋白虫、黄金虫、大黄粉虫，通称黄粉甲，为多汁软体动物，属昆虫纲、鞘翅目、拟步甲科、粉甲虫属，是一种完全变态的仓库害虫，也是一种重要的世界性粮食害虫，原产于北美洲，现在全球均有分布。经过相关专家的技术分析，黄粉虫鲜虫的蛋白质含量为 25%~47%，干品的蛋白质含量为 40%~70%，通常可达 60% 左右。例如，经测试，黄粉虫的幼虫含蛋白质 48%~50%，干燥幼虫含蛋白质 70% 以上，蛹含蛋白质 55%~57%，成虫含蛋白质 60%~64%，脂肪 28%~30%，碳水化合物 3%，还含有磷、钾、铁、钠、镁、钙、铝等常量元素和多种微量元素、维生素、酶类物质及动物生长必需的 16 种氨基酸。其他如维生素 E 和维生素 B_1、维生素 B_2 含量也较高，说明黄粉虫的营养成分很高。根据对黄粉虫幼虫干的分析，每 100 克干品中，含氨基酸847.91 毫克，其中赖氨酸 5.72%，蛋氨酸 0.53%，这些营养成分居各类饲料之首。因其蛋白质含量高于一般常见昆虫，所以又称为高蛋白虫。因此国内外许多著名动物园都用其作为养殖名贵珍禽、水产的饲料之一。

黄粉虫在粮食仓库、药材仓库及各种农副产品仓库中，是一种主要的害虫。由于其生长对环境要求不高,比较容易人工饲养,目前已发展成为新兴的特种养殖动物。

二、黄粉虫的营养价值

根据我国昆虫专家的研究表明,黄粉虫的组织中超过90%都是可食用部分,可以作为人类或其他经济动物的可口食物,因此它的利用率非常高,而且其转化效率也非常惊人。据养殖专家的饲养测定:1千克黄粉虫的营养价值相当于25千克麦麸或20千克混合饲料或1 000千克青饲料的营养价值。有试验表明,如果用3%~6%的鲜虫作为饲料的预混料,可代替等量的国产鱼粉,所以被饲料专家誉为"蛋白质饲料宝库"。因此,黄粉虫是饲养家畜、家禽及金鱼、虹鳟鱼、鳖、虾、龟、黄鳝、罗非鱼、鳗鱼、泥鳅、牛蛙、娃娃鱼、蝎子、蜈蚣、蜘蛛、山鸡、鸵鸟、肉鸽、观赏鸟类、蛇等特种养殖动物不可缺少的极好饲料。试验表明,用黄粉虫配合饲料喂幼禽,其成活率可达95%以上,喂产蛋鸡产蛋量可提高20%,用黄粉虫喂养全蝎等野生药用动物,其繁殖率提高2倍。

虽然,作为重要的动物饲料蛋白源,黄粉虫的作用非常显著,尤其是在观赏宠物界,深受宠物养殖爱好者的喜欢,但是如果仅仅是作为一种饲料来利用的话,只能利用黄粉虫自然资源的一个方面,并不能充分展示其价值。根据营养分析,黄粉虫的全身都是宝,最重要的是它正在发挥的工业价值、保健价值、食用价值以及美容方面的价值。

三、研究和开发黄粉虫的意义

1. 黄粉虫是重要的蛋白源

黄粉虫是优质的饲料蛋白源,据测定,黄粉虫的蛋白质含量相当高,而且各营养成分平衡,氨基酸组分合理,含有全部的必需氨基酸。所以说,在蛋白源日趋紧张的今天,黄粉虫这种饵料生物无疑是最主要的优质蛋白源之一。

人类进入 21 世纪后，蛋白质的短缺问题越来越凸显。随着名特优新奇水产品养殖及各种优质高效珍禽养殖的迅速发展，黄粉虫的作用及增养殖也越来越受到重视。生产实践已经证明，以黄粉虫为主要饲料进行养殖的经济动物，不仅能节约大量动物蛋白源，而且它们的生长速度很快、个体成活率也非常高。例如，人们用黄粉虫饲养观赏龟时，发现投喂黄粉虫的乌龟个体成活率几乎达到百分之百。另外，经常食用黄粉虫的经济动物，它们自身的抗病能力也会大大增强，在养殖过程中很少发生病害。一些专家也曾对黄粉虫的饲料应用效果进行跟踪研究，发现在动物繁殖前合理投喂黄粉虫，能有效地提高它们的繁殖能力，这一点已经在山鸡等珍禽养殖方面得到体现。在山鸡产蛋前科学投喂黄粉虫，可以每月提高产蛋量 2 枚左右，而且鸡蛋的孵化率能提高 6% 左右。

另外，黄粉虫可以开发成人类新的动物蛋白源，它的体内不仅蛋白质质量好，而且富含人体所含的各种营养元素。在国外许多地方，人们已有油煎黄粉虫的习惯，在街头巷尾可见人们手拿着或烤或煎的黄粉虫大快朵颐。在我国除了香港和广东等地外，在其他地方品尝黄粉虫的还不多，因此市场开发前景是非常巨大的。我们完全可以采用科学的方法，采取更加安全的措施来加工开发黄粉虫食品，让这种美味可口、营养丰富的食品走进千家万户。

2. 黄粉虫代替鱼粉的可行性

研究和生产实际表明，黄粉虫作为饲料添加剂和动物蛋白源，完全可以替代优质鱼粉。

一是营养方面，黄粉虫比优质鱼粉还具有优势，饲料昆虫蛋白质含量高，氨基酸丰富全面，搭配合理，还含有丰富的维生素及矿物质、微量元素等。另外，鱼粉里的鱼刺及骨头需要另外加工才能被应用，而黄粉虫的整个虫体可以一次性全部加工成动物蛋白，营养价值更高。

二是来源方面具有优势。鱼粉主要是依靠鱼类，由于长期以来人们对于大自然的过度索取，包括对海洋资源的酷渔滥捕，加之海洋环境受到了不同的污染，生态环境也受到了一定的破坏等多种原因，渔业资源已经受到了严重破坏，具体体现在海洋捕捞业正在萎缩，捕鱼量逐年下降。例如世界第一大鱼粉生产国秘鲁 1997—1998 年度鱼粉产量已从 1996—1997 年度的 210 万吨锐减为 140 万吨，世界第二大鱼粉生产国智利 1997—1998 年度的鱼粉产量也仅为 128 万吨。而鱼类的增殖生长周期相对较长，至少需要一年甚至多年才能恢复。由于世界鱼粉资源衰竭，市场供应趋紧，导致价格不断上涨。

而黄粉虫繁殖速度快，一年可繁殖多次，每次繁殖的生物量大，是一种优质的再生性资源。另外，养殖黄粉虫具有生产投入少、成本低、见效快的优势，既不需要大型的机械设备，也不需要远洋作业，更不需要太多的工人，只需几间房屋、简单的设备、一两个工人甚至自己在工作之余就可以满足生产要求，因此开发前景广阔，完全可以取代鱼粉。

三是在研究方面，正是由于鱼粉的产量受到了各种条件的限制，为了以畜牧业为代表的养殖业快速、健康地发展，许多国家将人工饲养昆虫作为解决蛋白饲料来源的主攻方向，这就从理论上为取代鱼粉做好了基础。我国在 20 世纪 50 年代就有利用昆虫养家禽的尝试，20世纪 70—90 年代开展了许多相关研究，取得了较大成果，尤其对黄粉虫等昆虫大量繁殖的研究，其生产技术已用于工厂化生产，目前黄粉虫已成为主要的饲料昆虫。

3. 黄粉虫适合动物的营养需求

黄粉虫既可以直接为人类提供蛋白质，也可以作为蛋白质饲料的主要原料之一，为名优动物产品和畜牧业提供优质的动物蛋白源。经过许多专家和科研人员的一系列人工杂交和筛选，我国已经获得符合某种特定养殖对象的某发育阶段营养需要的、饲料效果好的黄粉虫新品种。在营养上具有特异优点，不但营养价值高，容易被消化吸收，而且对养殖动物有促进生长发育和防病作用，这是进行一些特种养殖所必需的饲料基础。

对畜牧业来说，动物性饲料蛋白一直是制约畜牧业快速、健康发展的关键因素之一。随着我国经济发展、人们生活水平的提高，人们对肉类产品的需求量也不断增加，对优质动物蛋白的需求量愈来愈大，导致我国畜牧业目前正处于一个迅速发展的时期，越来越多的牲畜对动物性蛋白饲料的需求量也愈来愈大，对这些动物蛋白饲料的质量要求也越来越高。传统的饲料蛋白来源主要是动物性肉骨粉、鱼粉和微生物单细胞蛋白，尤其依赖产鱼国供给鱼粉。而局限于研究和市场应用的能力，目前对来自于昆虫的蛋白质尚未得到广泛应用。据研究表明，肉骨粉是各种动物的骨头加工而成的，由于一些动物本身易带病菌，导致那些肉骨粉也不同程度地带上病菌，极易传播病原，如国际上影响巨大的"疯牛病"和"口蹄疫"即与肉骨粉污染有关。而国际上优质鱼粉的产量每年正以近10%的幅度下降，作为优质蛋白源之一的单细胞蛋白提取成本过高。为了畜牧业持续、稳定、健康、高效发展，我们急需寻求新型、安全、成本低廉和易于生产的动物性饲料蛋白。因而，目前许多国家已将人工饲养昆虫作为解决蛋白质饲料来源的主攻方向，黄粉虫的开发即是突出代表之一。

4. 黄粉虫驯养、诱集珍稀动物效果好

黄粉虫的蛋白质含量很高，氨基酸的比例也比较合理，脂肪的质量和微量元素的含量都比鱼粉好。更重要的是，黄粉虫的幼体可以直接以活体的方式投喂给动物，不需要经过各种各样的处理，尤其是生产颗粒膨化饲料时的高温处理会大大损坏部分营养成分。活体饲喂会让虫体的活性物质保留完好，因此黄粉虫常常被用来驯养、诱集珍稀动物，如昂贵的小鸟、蜥蜴、宠物蛇等。

根据分析，黄粉虫的体内含有特殊的气味，诱集一些珍稀动物的效果极佳，而且在动物体内易消化，养殖经济动物的成活率较高。例如在室外池塘养殖黄鳝时，常使用鲜活的黄粉虫来驯化鱼类，鱼群易集中抢食。在人工养殖鳝鱼时，刚从天然水域中捕获的野生鳝鱼具有拒食人工饵料的特点，因此驯饵是养殖成功的关键技术。我们可以用递减投喂法来进行人工驯饵，方法是野生黄鳝捕捉后，先投喂它喜欢的鲜活黄粉虫，然后逐渐减少鲜活黄粉虫的量，将部分黄粉虫拌在饵

料内投喂。1周后，同时减少活虫量和在饵料内的添加量，经过20多天的驯饵，可以使黄鳝吃食人工饵料，效果明显。

5. 黄粉虫养殖的经济动物风味好

这在水产养殖业上应用较为明显，以鲤鱼为例，用黄粉虫养出的鲤鱼，体色有光泽，肉质细嫩、洁白，口感极佳，肥而不腻，明显好于用人工饲料强化喂养的鲤鱼，而且没有特殊的泥土味；用黄粉虫饲喂的河蟹比单纯用人工配合饲料饲养的河蟹，生长速度快，个体规格大，体色接近湖泊水库的天然河蟹，深受消费者的青睐。

6. 黄粉虫为特种动物的养殖提供了保障

最常见的就是用黄粉虫喂养宠物鸟或观赏鱼，其实黄粉虫对于特种养殖的最大贡献就是给蝎子、蛇等特种动物的快速恒温养殖提供了四季源源不断的食粮，为特种养殖业的安全发展提供了保障。

在20世纪中期，人们发现蝎子具有很好的药用功能，于是就开始进行这方面的研究和养殖试验。那时候的黄粉虫也处于刚刚研究和开发的初期阶段，而且黄粉虫本身价格就很高，因而人们并没有直接把黄粉虫用于蝎子的养殖。当时的工人工资较低，因此人们就在夏天到野外捕捉一些野生昆虫包括蜘蛛、苍蝇、蛆虫、油葫芦、玉米螟等来喂养蝎子，正是有了这些野生昆虫的供应，因而在夏天蝎子都长得非常好。但是问题随之而来，到了冬季，这些昆虫无一例外都进入了冬眠状态，由于基本上很少再有这些饵料供应，蝎子也就无法正常摄食生长了，因此当时无法做到恒温养殖。

一直到20世纪末期，人们在不断的试验中，加上那时黄粉虫也已经广泛应用于观赏鱼养殖和宠物鸟的饲养，这时一些蝎子养殖户才经过试验发现黄粉虫可以用作蝎子的饲料，而黄粉虫的抗低温能力也比较强，可以在冬天繁殖，因此只要措施得当，可以一年四季都能为蝎子提供鲜活饵料，才使得无冬眠养殖成为了可能。

同样的道理，人们在后来进行其他特种动物饲养时，也慢慢地发现并掌握了用黄粉虫恒温养殖蜈蚣、蛤蚧、蛇等，都取得了成功。

7. 黄粉虫可使观赏动物体色艳丽

我国观赏动物例如观赏鸟、观赏鱼、观赏龟等养殖越来越多，观赏动物的赏析越来越被重视，对它们的体质和体色要求也越来越讲究。黄粉虫中分别含有大量的氨基酸和微量元素，它们是天然着色剂，用来喂养观赏宠物，可使其抵御疾病的能力增强，体态更加丰腴美观，色泽更加亮丽鲜艳，增色效果明显而且不易脱色。

黄粉虫在宠物界的饲料里占有重要的地位，尤其是作为观赏鱼的主要饲料，已经被广大观赏鱼养殖户所接受。我国每年出口的黄粉虫中，基本上都是以干品的形态出口，主要的用途就是用于养殖观赏鱼和其他宠物。作为人们喜好的观赏鱼饲料，黄粉虫具有自身独特的优势。

8. 增殖速度快，产量高，易得性强

黄粉虫的食性杂，繁殖速度快，生长周期短，生命力强，人工饲养方法简单，设备条件要求不高，省人工，成本低，易管理。因此养殖黄粉虫具有投资小、资金回笼周期短等特点，养殖黄粉虫不需要过多资金投入，有几十、几百元就能上马。同时它的生长周期短，世代交替快，繁殖力旺盛。根据养殖的经验表明，黄粉虫全年都可以生长繁殖，从卵到幼虫到蛹直至羽化为成虫的生育周期约为 100 天，人工培育时，往往具有"暴发式繁殖"的能力，同时黄粉虫对环境的适应能力强，易于大量培养，产量极高。

9. 开辟了利用和转化以农作物秸秆为主的农业有机废弃物资源的新途径

黄粉虫能转化秸秆等农业废弃物为有用物质，这是因为农村常见的秸秆等废弃物是黄粉虫的良好饲料。

我国是传统的农业大国，每年伴随着各种农作物的丰收而产生的秸秆、藤蔓达 6 亿多吨，这些秸秆类被我们充分利用的只是很少一部分，主要是用作大型牲畜如牛、羊、驴、马等饲料，消耗不足 20%，被农村用作烧柴的不足 10%，其余均被当场焚烧或长期堆积自然腐

烂。每到两季双收季节，便在大江南北看到到处是秸秆焚烧的野烟，袅袅升起，既造成资源浪费，又阻碍交通、阻挡河道、污染环境。因此如何利用和转化这些有机废弃物，并使之产生一定经济效益，是各级政府的工作重点之一，也是广大农民的热切盼望。这些年来各地频频发布"禁烧令"，却往往有令无行，主要原因就是大量的秸秆处理无方，因此这种通过黄粉虫利用和转化农作物秸秆为主的农业有机废弃物资源无疑是一条崭新的有效途径。据统计，安徽省每年生产农作物秸秆废弃物9 200万吨，如80%用来利用养黄粉虫，农民售柴草增收将是一笔十分可观的收入，而取得的环保及生态效益则是不可估量的。此外，生活垃圾及畜禽粪便也可以作为黄粉虫饲料成分加以转化和利用。

可以说，黄粉虫是转化秸秆等工农业有机废弃物的"种子选手"。实践已经表明，黄粉虫食性杂，转化率高，可将秸秆等工农业有机废弃物（腐屑）充分转化为人类可利用的物质，解决了大量秸秆等腐屑资源浪费与污染环境的问题，建立起新的不同于传统生食食物链的"腐屑生态系统"，开辟了人类获取蛋白质的一个全新途径。

另外，饲养黄粉虫不消耗粮食，并可将大畜禽不能转化的饲料转化为优质高蛋白饲料。人们可以充分利用饲养黄粉虫这种小昆虫为跳板，进而用优质的黄粉虫作为主要的饲料源或添加剂再用来饲养各种畜禽和多种多样的特种经济动物。通过黄粉虫这个中间环节，解决了长期不能解决的"人畜争粮"问题。将传统的"单项单环"式农业生产模式转化为"多项多环"式农业生产模式，使农业生产自身形成产业链条，为农业产业化开辟了一条新路子。

10. 新的就业途径

国内外的经验证明黄粉虫的开发利用为昆虫资源的产业化开发利用开创良好范例，黄粉虫产业化开发，以农作物秸秆为转化利用基础，生产虫便是高效生物有机肥，重返农业生产领域；利用高蛋白虫粉加工成饲料，重返畜牧业领域；自身形成特种经济动物养殖业，不断向高科技产品的开发迈进，将成为利用现代科技手段、综合开发利用昆虫这一古老生物资源的范例。

如果黄粉虫养殖事业得到大面积推广，可形成新型产业，对于优化农村产业结构、农民增收、农村经济增长、农村剩余劳动力转化、城市下岗工人重新就业等都有很大意义。其最大成效是能带动农村老、弱、妇、残等贫困农民脱贫致富。根据多年的试验及现行一些成功的养殖方法，笔者认为黄粉虫的饲养技术比较简单，易于向农户、城镇推广。现在农村的居住条件都十分宽松，非常适合家庭养殖，如果一户每年生产2吨成虫，就可解决1个就业人员，因此黄粉虫养殖一旦形成产业后可有效缓解农村和城镇就业压力。

例如，在经过培训后，一个农户基本掌握了黄粉虫的养殖技术和管理要求后，可以建立一个占地20米^{2}的养殖黄粉虫的屋舍，场地建设投入为2 000元，设备投入为2 000元，先期投资5 000元购买50千克的优质种虫进行养殖、繁殖，投入成本合计为9 000元。黄粉虫的主要饲料可以用麦麸、玉米粉配上秸秆粉碎物，自己配制饲料，确保整个饲料的平均价格为1.2元/千克，饲料与黄粉虫的养殖料虫比一般为3.5∶1。经30天的饲养可羽化成成虫30千克，成虫每4天接卵1次，一次可产卵60盒，可连续产卵60~90天（按80天计算，可产20次），每盒卵经一个周期饲养可产虫蛹1.2千克，在这一个周期（3个月）内可生产虫蛹：60盒×20次×1.2千克/盒=1 440千克。农户养殖3个月后，经过多代的繁育和扩种后，平均能产出1 440千克商品虫，价值21 600元（以商品虫批发价格或供种厂家的回收价格15元/千克，有时可达22元/千克）。去除种虫、饲料、设施等成本15 000元，在一个周期内可得纯利6 600元左右，一年可以养殖3~4个周期，一年获纯利20 000元左右。可见，发展黄粉虫养殖业是农民尽快脱贫致富的好途径。

从以上分析可以看出，培育黄粉虫既能满足动物市场的蛋白质需求，又为名特优新经济动物的增养殖提供了生物饵料基础，具有明显的经济效益和社会效益，同时它们对防止饲料污染具有重要作用，值得大力推广。

11. 经营方式多样化

黄粉虫适应性强，养殖技术容易掌握，工厂化大规模养殖和农户家庭分散饲养均可，尤其是适于采取"公司+农户"模式经营，地区性规模开发容易取得成功，完全能成为一县一市农业生产化的龙头项目。

四、国内外对黄粉虫的开发利用

1. 国外利用黄粉虫的情况

研究昆虫资源、利用昆虫资源、开发昆虫产业，正成为21世纪全球性的热潮。目前，国际上一些发达国家，已经把开辟新的蛋白资源的途径转向昆虫。为了研究利用黄粉虫，这些国家还成立了专门的研究机构，进行深入而系统的研究与利用。据资料表明，最早研究黄粉虫并取得相当出色成绩的国家有法国、日本、德国、澳大利亚、俄罗斯、新西兰和墨西哥等。他们的研究方向和内容主要是黄粉虫生产饲养技术、人工养殖的饲料供应，黄粉虫的药用价值、食用价值、保健价值、工业价值和饲料价值等方面的探索，尤其是对黄粉虫酶系生化生理的研究较多，现在也已经取得了很多的成果。

例如美国已开发了上百种昆虫蛋白资源，生产出了不同种类的昆虫食品投放市场，备受人们青睐。在墨西哥、法国、澳大利亚、新西兰等国家家庭的餐桌上，他们正发挥自己的传统食虫文化优势，在全世界开拓他们的昆虫食品市场，将黄粉虫加工成菜肴，因此在这些国家"黄粉虫菜"非常普遍。另外以黄粉虫为原料制作药品和保健品也深受人们的欢迎，英国、德国一些昆虫食品开发商已开发生产了十几种"昆虫饲料"。

纵观大的方面，目前国外黄粉虫的应用主要还是在宠物饲养上。例如黄粉虫干可以作为宠物狗、猫、鸟、蜥蜴等饲料的添加剂，按比例把黄粉虫干加入饲料中既可以替代鱼粉的添加，又可预防疯牛病、口蹄疫和禽流感等传染性疾病的扩散。另外黄粉虫还是各种观赏鱼、观赏龟的天然饵料，比如我国北京以前的官园市场就有专门出售黄粉虫的，现在的潘家园市场也有黄粉虫和大麦虫出售，南京的夫子庙花鸟鱼虫市场也有黄粉虫出售。

根据国外的研究资料表明，由于黄粉虫蛋白质具有特殊的功能，目前已经开发成作为寒冷地区饲料、药品、车用水箱及工业用防冻液和抗结冰剂的重要添加剂之一；也可以黄粉虫为原料，提取生化活性物质，作为特殊食品，如干扰素等。

2. 国内开发黄粉虫的情况

国外研究和应用黄粉虫已经有 100 多年的历史了，国内外著名动物园都用其作为繁殖名贵珍禽、水产动物的肉质饲料之一。而我国对黄粉虫的利用和研究只有不到 60 年的历史，因此我们在开发应用和新领域利用方面和国外仍有一定的距离。

1952 年，我国从苏联首次引进黄粉虫，当时是由北京动物园主持引进的，主要是用来饲喂一些珍稀飞禽，后来渐渐用于一些药用动物和其他经济动物的饲料，同时也用于教学研究。1955 年前后，黄粉虫不断向社会扩散，渐渐流向当时北京的官园花鸟鱼虫市场，成为宠物的好饲料。这时的黄粉虫养殖还是小打小闹，主要是自发地为自己家中的鱼鸟服务，多余的一部分用来出售赚钱。

随着人们对黄粉虫的进一步认识和开发的加深，黄粉虫在我国的应用渐渐地上升了一个台阶。1981 年开始，人们在养殖蝎子时，发现黄粉虫是最佳的饲料来源，于是就有养殖户专门养殖黄粉虫来进行蝎子的养殖。到了 20 世纪 90 年代，人们开始认识到各种珍稀动物的保健作用，纷纷养殖甲鱼、蛤蚧、牛蛙、林蛙、蝎子等特种经济动物，这对黄粉虫的饲料需求有了进一步的提高，这一时期还是作为饲料使用，进一步得到社会的重视，但规模小、分布狭窄、产量低、利用率不高。

20 世纪末，全球对昆虫的利用有了重新认识，这时的黄粉虫在我国养殖也有了质的飞跃，已经有专门的生产专家和厂家进行专门的培育，一些科研工作者也加入到这方面的研究中。其中科研成果最为

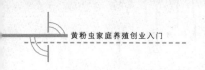

显著的当数山东农业大学黄粉虫资源利用研究课题组，组织了昆虫学、生物化学、组织生理、营养、饲料等方面的有关专家对黄粉虫资源进行了系统研究与开发利用。在搜集种质资源、分离纯化培育成功两个新品种和一个杂交种的基础上，进行与近缘种的种间杂交和辐射育种，获得了遗传物质整合性更好的种质。他们从 1994 年开始研究的科技成果"黄粉虫新品种选育、繁育、工厂化生产及产业化开发"在 1999 年 11 月通过山东省农业厅组织的鉴定，山东农业大学的教授们历经 6 年时间，以在全国各地搜集的黄粉虫种质资源为基础，经过选育、杂交培育出 3 个黄粉虫新品种，分别命名为 GH-1、GH-2、HH-1。为了加强对科研成果的保护，他们已经将选育的黄粉虫注册为"神虫"商标，该成果于"2000 年中国（泰安）农业高新技术成果、产品、交流、交易博览会"上被评为金奖。

进入 21 世纪以来，黄粉虫的研究更是突飞猛进，在 2001—2003 年期间组织实施的农业部丰收计划项目"黄粉虫工厂化生产技术的示范应用"在 2003 年 8 月通过鉴定。

国内对黄粉虫资源开发利用的探索经历了小规模散养和工厂化生产、加工、利用两个阶段，目前正向深加工、广应用阶段发展。黄粉虫资源的人工生产养殖利用将逐渐向规模化、专业化、标准化与综合利用深加工方向发展，同时与黄粉虫饲养有关的生物饲料、饲养器具、分离设备也配套发展。

现在我国对黄粉虫的应用范围已经大大延伸到多领域中，在产业化研究中，我国科研工作者们系统测试了黄粉虫各种不同虫态的蛋白质、脂肪、几丁质（甲壳素）、矿物质和微量元素，对昆虫源蛋白、几丁质、壳聚糖在医药、保健品、食品、化妆品、纺织品或农林果蔬增产剂等制造业中具有的诸多用途前景作了探讨，主要表现在以下几个方面：黄粉虫是替代鱼粉的优质蛋白质饲料，昆虫蛋白可以用于生产食品、氨基酸生物肥、天然蛋白质等，其营养成分可与进口优质鱼粉相媲美，而生产成本远远低于鱼粉；黄粉虫是优质的油产品来源，昆虫油脂应用于食用、饲用、医用、工业用生物柴油等；以黄粉虫鲜虫体或脱脂蛋白为原料开发的食品、饲料、调味品不断涌现；黄粉虫蛹罐头和黄粉虫菜肴已经出现；黄粉虫虫蜕是生产甲壳素的优质原料，其钙质含量远远低于虾、蟹壳，加工难度大大降低；虫粪沙作为饲料、生物有机肥的菌体吸附剂，是良好的有机肥料。

目前，政府和有关专业技术部门高度重视昆虫资源开发与利用的产业化问题。通过有效推进黄粉虫资源的产业化进程，以大专院校、科研单位及相关开发机构为依托，以关于黄粉虫养殖与开发研究的一系列成果为基础，以农业产业结构调整为契机，结合着社会主义新农村建设的大好形势，一个崭新的黄粉虫产业正在蓬勃兴起。

3. 黄粉虫的利用不会在我国形成泛滥

作为外来生物，黄粉虫在我国的引进与养殖也曾引起大家的讨论，这是因为外国有些生物如一枝黄花与水葫芦在进入中国后，由于人为监控不到位，加上它们没有天敌来抑制生长，结果引起疯长而泛滥成灾。比如水葫芦会在水体里堵塞航道、隔绝水体中的溶解氧造成鱼死亡，我国每年要花很大的物力与人力去除。

同样的道理，由于黄粉虫的易于生长、耐饥耐渴、繁殖量惊人的特点，与当初引进一枝黄花与水葫芦有着非常相似的优点，因此就有一些学者担心会泛滥成灾而影响中国的生态环境平衡，这是一名科技工作者对我国环境生态负责任的态度，这种精神值得大家尊重。但是我们认为这种担心是完全没必要的，这是因为黄粉虫虽然生命力顽强、易于繁殖，如果不供给食物，就会发生大吃小或强噬弱等互残现象而导致种群数量逐渐减少，所以不会泛滥成灾。另外，几十年前我国到处有囤积粮食的时候，那时也正是黄粉虫自然资源最为广泛的时候，即使那么多丰富的食物和仓储条件，也没有让黄粉虫泛滥成灾，因此我们也有理由相信，只要管理措施得当，黄粉虫的养殖不会对我国的生态造成影响。

第二节　黄粉虫的生活史

黄粉虫是一种完全变态的昆虫，它的生活史（指一个生长周期）可分为卵—幼虫—蛹—成虫四个阶段，各阶段的特点如下（见彩图）。

一、卵

椭圆形，近似乳白色，聚团状，每粒卵约有芝麻粒大小。黄粉虫卵很小，肉眼不易看清，一般卵长径 1~1.5 毫米，短径 0.5~0.8 毫米，卵外被卵壳，卵壳薄而脆软，起保护作用，极易受损伤。卵由成虫产出，在成虫产卵时，往往先产成一条直线，由于虫量较多，最后有众多的成虫产出的卵集片成群，这时就需用接卵纸接住虫卵，以方便孵化。但有少量成虫的产卵行为不正常，会产在饲料中，这时就要用专用的筛网及时筛选并分离出虫与卵及虫粪与卵，再进行孵化。

卵要放在专门的孵化箱内孵化，孵化时间随温度而异，孵化时适宜温度为 19~26℃，孵化时适宜湿度为 78%~85%。当温度在 25~30℃时，卵期 5~8 天；但温度为 19~22℃时，卵期为 12~20 天；温度在 15℃以下时，卵极少孵化甚至不孵化。成虫在缺食时会吞食自己产下的卵，因此在养殖时要随时取出产出的卵。

二、幼虫

破壳孵化出来的小虫至蛹化前，统称为幼虫，幼虫期 76~201 天，平均生长期为 120 天。刚刚孵出的幼虫呈银白色，十分脆弱，也不宜观察，体长仅为 2~3 毫米，孵出 10 余小时后逐渐由白转黄，以后随着日龄的增加，体长也逐渐增加。约 20 天后，全部变为黄褐色，无大毛，有光泽，体壁亦随之硬化。各龄幼虫初蜕皮时为乳白色，随着生长，体色加深，逐步变为黄白色、浅黄褐色。成熟的幼虫虫体呈圆条形，身体直，皮肤坚，前后粗细基本一致，体径 4~6 毫米，体长 28~36 毫米。从头到尾共分 13 节，第 1 节为头部，第 2~4 节为胸部，头胸所占虫体的比例较短，约为身体的 1/5。第 13 节为肛门，其余几节为腹节，节间和腹面为黄白色，各节连接处有黄褐色环纹，头壳较硬，为深褐色。头缝呈 "U" 字形，嘴扁平。尾突尖，向上弯曲。值得注意的是，各龄幼虫处于蜕皮时均为乳白色，每 4~6 天蜕皮一次，身体增长一次。在蜕皮 5 小时后，体色会渐渐转变为黄白色、浅黄褐色，直到最后的黄褐色。幼虫缺食时会互相残杀。幼虫也就是我们常说的黄粉虫，也就是利用价值最高的阶段，可用箱、桶、盘和水泥池养殖。幼虫长到 65 日龄时，体重已达高峰，此时可以出售或使用。

三、成虫

黄粉虫的成虫也叫黄粉甲，俗称蛾子，是一种甲壳类的虫体，性喜黑暗、怕光，夜间比白天活动多。如果蛹在 25℃ 以上经过一星期后就可以蜕皮成为成虫。自蛹羽化后大小基本不变，只有体色由浅变深。初羽化的成虫壳先为乳白色，头橘色，甲壳很薄，呈椭圆形。经过 10~25 小时后颜色由白变黄，最后变成黑褐色，甲壳变得又厚又硬，这时完全成熟了。成虫体长 14~19 毫米，宽 6~8 毫米，性成熟的成虫羽化后 4~5 天进入性成熟期，开始交配产卵，成虫可多次交配，多次产卵。成虫繁殖的适宜温度为 25~30℃，低于 5℃ 时进入冬眠状态，高于 39℃ 就死亡，因此在养殖过程中，一定要把好温度关。

成虫阶段为黄粉虫的繁殖期，是黄粉虫生产的重要阶段。在适宜的温湿度条件下，每年繁殖 2~3 代，且世代重叠，无越冬现象。成虫一生中多次交配，多次产卵，交尾时间是在下午 8 时至凌晨 2 时，每次产卵 5~40 粒，最多 50 粒。每只雌成虫一生可产卵 280~370 粒，其产卵高峰为羽化后的 60 天以上。雌成虫寿命 34~127 天，雄成虫寿命 39~82 天。在华东地区，黄粉虫的最佳产卵季节为 4—6 月和 9 月中旬至 11 月上旬这两个阶段。若科学管理，可以延长产卵期和增

加产卵量，如利用复合生物饲料，适当增加营养，且提供适宜的温、湿度，产卵量最多可提高到 800 粒以上。值得注意的是，成虫在缺食时会吞食自己产下的卵，这一点需要注意并加以防范。

四、蛹

昆虫蛹是一个相对静止的虫态。幼虫长到 50 天后，长为 15～19 毫米时，已经长为老熟幼虫了，这时裸露于饲料表面开始化蛹，蛹初为白色半透明，体较软，隔日后渐变褐色，后变硬，无毛，有光泽，鞘翅伸达第三腹节，腹部向腹面弯曲明显，紧贴胸部。蛹的两侧呈锯齿状或"八"字形，有棱角。成蛹以后，颜色由白色转为黄色，头大尾小，不吃也不动，这时要将蛹从培养箱或盘中移出并放进产卵箱，以免被幼虫咬死，蛹经 10 天变成成虫。蛹的适宜温度为 26～30℃，适宜湿度为 75%～85%。蛹期为黄粉虫一生中最为脆弱的阶段，须高度重视。蛹在 6～8 天即可羽化。

第三节　黄粉虫的生活习性

一、温度适应性

黄粉虫是昆虫类，和鱼一样是变温动物，一般变温动物对环境的依赖性明显高于恒温动物。它进行生命活动所需要的能量，主要是来自于吸收太阳的辐射能，还有一部分是黄粉虫本身机体进行新陈代谢所产生的能量。当周围环境的温度发生变化时，黄粉虫的生长发育和生殖行为等一系列的生理活动都要受到影响，甚至引起死亡。

黄粉虫一般在 15～40℃条件下可以正常存活，但是不同虫态对环境温度的适应情况有所不同。对于成虫来说，-5℃是其生存低限（但自然越冬的幼虫可忍受-15℃的低温）；低于 6℃进入冬眠状态；12℃是发育起点温度；24～35℃是其生存适宜温度，在此温度下生长健壮，成活率高。生长最快温度是 35℃，但长期处于此温度容易发病。高于 37℃生长速度明显降低，死亡率也增加，40℃以上是致死温度。对于蛹来说，最怕高温，35℃以上就可能使其窒息死亡。因此，在夏季尤其要注意通风降温，减小密度，防止太阳暴晒。

黄粉虫在温度低于10℃时，会处于一种休眠或半休眠状态，低于6℃进入完全冬眠状态，此时用手摸虫体就会感到虫体全身发凉。在冬眠时，黄粉虫不吃、不喝、不动也不死。但是在养殖时，千万不要以为这样就可以不管不问了，除了正常防止蚂蚁、老鼠等天敌外，还要注意在休眠时，一定要保持其体表适宜的湿度。否则，虫体会因新陈代谢消耗体能而逐渐干枯死亡。另外，在休眠时，温度不可长期低于5℃，否则也会被冻死。

1. 适温区

适温也就是适宜温度的简称，又称为有效温区。简单地说，就是黄粉虫在这个温度区域条件下生长发育，进行一系列的生命活动是有效的，不会致死和致畸，所吸收的营养成分基本上除了满足自身新陈代谢外，其余的将会全部用于生长和生殖行为上。研究表明，黄粉虫的适温区域很广泛，基本上在 6~39℃。由于不同的适温区内，黄粉虫的生长速度又有一定的差异性，所以我们又人为地根据不同的生长速率，再次区划为高适温区、低适温区和最适温区 3 个区域。

高适温区：也就是适温区的高位区域或者称为适温区的上限，温度如果再超过的话，黄粉虫就可能致死。黄粉虫的高适温区为35~39℃，在这个区域内，黄粉虫的生长速度随着温度的升高而减缓，反之亦然。值得注意的是，在这个区域内，黄粉虫的生殖能力明显受到抑制，无论是产卵量还是孵化率都显著降低。

低适温区：也就是适温区的低位区域或者称为适温区的下限，温度如果再进一步降低的话，黄粉虫就可能致死。只有当环境温度超过这个最低温度，黄粉虫才开始发育，所以有学者又把它称为发育始点温度。研究已经表明，黄粉虫的各个虫态都存在发育始点温度，当然这 4 个不同时期的发育始点温度是绝对不相同的。例如黄粉虫成虫的低适温区为 6~25℃，蛹的发育低适温区为 10~15℃，幼虫的发育低

适温区为 6~10℃，卵的发育低适温为 6~10℃。在这个低适温区域内，黄粉虫的生长速度随着温度的降低而减缓，反之亦然。值得注意的是，在这个区域内，黄粉虫的生殖能力也明显受到抑制，无论是产卵量还是孵化率都显著降低，甚至不能繁殖。

最适温区：也就是最适宜黄粉虫生长发育和繁殖的有效温度。黄粉虫生长发育适宜的温度为 25~35℃，而生长发育最快是在 34℃。

上述温度是指群体内部的温度，一般来说群体内部的温度往往高于室内温度 8~10℃。如果室内温度达 27℃时，就要采取降温措施，同时减少群体的密度，以免温度过高而热死。

2. 临界致死温区

简单地说就是黄粉虫开始陆续死亡的温度，它又分为临界致死高温区和临界致死低温区。研究表明，黄粉虫的临界致死高温区为 40~45℃，当温度达到 40℃以上时，黄粉虫就开始出现昏迷现象，继而死亡。如果时间很短，过一会儿温度会迅速降下来，则部分黄粉虫仍可以存活，只是它的生长速度和生殖机能或多或少受到了一些损伤。黄粉虫的临界致死低温区为 -10~-5℃，当温度达到 -5℃以下时，黄粉虫就开始出现昏迷现象，继而死亡。如果时间很短，过一会儿温度会迅速上升，则部分黄粉虫仍可以存活，只是它的生长速度和生殖机能或多或少也受到了一些损伤。

3. 致死温区

简单地说，就是黄粉虫在一定的时间内全部死亡的温度，根据不同的情况，它也分为致死高温区和致死低温区。研究表明，黄粉虫的致死高温区为 45℃，致死低温区为 -15℃。

4. 高温致死的原因

较高温度可导致黄粉虫死亡，它的死亡原因主要是温度升高导致体内各组织的水分过量蒸发而死亡。第二个原因可能是高温引起黄粉虫体内的蛋白质变性而死亡。还有一个原因就是高温时，空气闷热，供氧不足，导致黄粉虫缺氧而死。

5. 低温致死的原因

较低温度导致黄粉虫死亡的原因，据分析，可能有以下几种。第一个就是黄粉虫为了抵制低温，会消耗体内的脂肪组织来释放能量，以供需求，时间一长，会导致体内的养分过度衰竭而死亡。第二个原因就是低温时，黄粉虫体内尤其是幼虫的体内水分较多，可能会结冰，时间一长，导致体内的原生质变性而死亡。

二、湿度适应性

湿度实际上就是水分的问题，包括空气相对湿度和饲料含水量两个方面。适宜的水分是维持黄粉虫生命活动所必需的，例如黄粉虫体温的调节离不开水分的蒸发，营养物质在体内的运输也离不开水分，对食物的消化作用同样离不开水分。从耐旱、耐饥渴的生理特性来说，黄粉虫喜欢稍为干燥的环境，不喜欢潮湿的生境。在北方干燥的养殖室内进行喂养，患干枯病现象很多，而在南方多雨季节特别容易患腐烂病，死亡率较高。

黄粉虫一般不直接喝水，其体内水分的获得途径主要是来自于食物中的水分，所以在饲料中不需要直接给水，饲料含水量不仅影响黄粉虫对水分的吸收，还影响对养分的有效利用。一般取食含水量较多的食物时，虫体含水量较高，体表湿润发亮；而取食含水量较少的食物，虫体含水量较低，体表较为暗淡一些。饲料含水量不宜过高，一般控制在15%左右，所以在日常投喂时要适当投喂一些新鲜的蔬菜和瓜果，确保饲料含水量为10%～15%，为适宜湿度。二是通过新陈代谢作用通过体壁或卵壳从环境中吸收一些水分。三是通过体壁从环境中吸收水分。在我们养殖黄粉虫时，这几点都很重要，尤其是第一条和第三条，这就要求在投喂时要科学，同时要讲究养殖环境的湿度要求。

黄粉虫散失水分的途径主要有：通过消化、排泄系统和外分泌腺排出；通过呼吸系统的气体交换作用而失水；通过体壁失水等。黄粉虫对水分的调节是通过虫体结构、生理和行为活动等方式，如黄粉虫的体壁构造具有良好的保水机制；消化道后肠中的直肠段可以回收食物残渣和排泄物水分；也可以通过气门的开闭或改变栖息场地等调节体内水分。

黄粉虫对湿度变化的适应能力很强，不同的虫态对湿度的适应能力也有所不同。根据研究表明，成虫的最适相对湿度为58%~77%，卵的最适相对湿度为55%~73%，幼虫的最适相对湿度为67%~75%，蛹的最适相对湿度为63%~74%。在此范围内各虫态发育正常，对卵历期影响不明显，但幼虫随湿度升高而加快发育进度，龄数减少，成虫寿命延长，产卵量升高。但是当湿度过高时，没有及时吃完的饲料会和虫粪粘在一起，易发生霉变，导致黄粉虫生病。另外高湿度会吸收蚊蝇前来，这对黄粉虫的养殖有时也是灾难性的，所以湿度一定要科学控制好。

总的来说，湿度过高或过低都不利于其生长发育。虽然黄粉虫不怕干燥，即使在含水量低于10%的饲料中也能生存，但湿度太低时体内水分过分蒸发，因而生长发育慢，体重减轻，饲料利用率低，所以最适宜的饲料含水量为15%，室内空气湿度为70%。但当饲料含水量达18%和室内空气湿度为85%时，黄粉虫不但生长发育减慢，而且容易生病，尤其是成虫更怕潮湿而易患软腐病死亡。当空气湿度小于50%时，由于干燥而影响生长和蜕皮，导致干枯而死。要提醒养殖户朋友，我们所讲的湿度一般是指养殖环境中的空气湿度，但对黄粉虫的生长发育起直接影响的则是饲养箱或盒或盆内的湿度，只有在日常管理中加以摸索，才能掌握快速判断温度和湿度是否合适的技巧。

湿度对其繁殖影响也很大，相对湿度以60%~70%最为适宜，过高湿度达90%时，幼虫生长到2~3龄即大部分死亡，低于50%时，产卵量大量减少。

值得注意的是，在相同湿度环境条件下，保持温度稳定在最适温区内，对促进黄粉虫的生长、发育、交配、产卵及寿命都是十分重要的。

三、食性

黄粉虫的食性与它的消化系统密切相关，幼虫的身体是呈长圆筒形，与之相适应的就是它的消化道也是平直而且很长的，几乎贯穿整个躯体，前肠和中肠发达，主要完成食物的消化和吸收功能。而成虫是甲壳状的昆虫，体短，所以与之相适应的消化道也比较短，但是它的肠壁质地较硬，尤其是中肠较发达，成虫依靠它主要完成食物的消化和吸收。

黄粉虫的卵和蛹基本上不取食外源性的食物，我们通常投喂的也就是成虫和幼虫。根据研究表明，黄粉虫的成虫和幼虫都属杂食性昆虫，对食物要求不高，但是成虫的消化系统不如幼虫，在为它们提供食物时，也应有区别。在自然界中，它们能吃食各种粮食如小麦、玉米、高粱、大米、大豆、麦麸、鱼肉、果品、油料和粮粕加工的副产品，如糠麸、渣饼等，同时也吃食各种蔬菜叶，尤其爱吃胡萝卜与马铃薯。幼虫的食性比成虫更为广泛，对食物不挑剔，几乎可以食用我们常见的所有东西，除吃上述食物外，还可吃干鲜桑叶、榆叶、豆科植物的叶以及各种昆虫尸体。当食物缺乏时，甚至会咬食木头做的饲养箱和垫底的纸片等。有学者在研究中发现，它们甚至可以取食塑料，而且能消化并吸收，在一般人的眼中，这是不可想象的。可见，发展养殖黄粉虫是一种变废为宝的好途径。

四、生殖习性

黄粉虫的繁殖能力很强，所以它的种群也很大，这对于增养殖大有益处。黄粉虫的生殖系统包括雌性生殖系统和雄性生殖系统，是产生卵子或精子、进行生殖交配、完成种族繁衍的器官。生殖系统主要分为内外两个部分，也就是外生殖器和内部生殖系统，外生殖器基本上是由腹部末端的几个体节和一些附肢组成，位于身体腹部。而内生殖系统还包含生殖腺和附属腺，位于腹腔内，结构相对比较复杂，这是与完成它们的使命相关的，主要功能就是释放生殖激素，产生生殖

细胞，并通过吸收营养成分来完成生殖细胞的生长发育。到了一定时候，就通过一系列生殖行为将生殖细胞进行雌雄配合并排出体外，进行卵期发育。

黄粉虫成虫期才具有生殖能力，它们是通过两性交配进行生殖的。在自然界中，雌雄虫比例为1∶1.05，如果生活环境的条件良好，雌性黄粉虫的数量会急剧增加，群体的雌雄比例可达（3~4）∶1；如果生活环境恶化时尤其是营养条件不足时，雄性比例会急剧增加，群体的雌雄比例会达到1∶（3~4），而且亲本的成活率都很低。雌雄成虫一生中都可以交配多次，亲本羽化后3~4天即开始交配、产卵，夜间产卵在饲料上面。一般黄粉虫成熟的雄虫和雌虫喜在阴暗处交尾产卵，在自然环境下交配多在夜间，交配过程遇光刺激往往会受惊吓而终止，因而在养殖时，一定要保证成虫期有黑暗的环境，并要减少干扰。另外，交配对温度也有要求，20℃以下或32℃以上很少交配，因此在养殖过程中一定要控制好养殖环境下的温度，这也是提高黄粉虫养殖产量和养殖效益的保证。

成虫一生中可多次交配，据资料表明，一尾雄虫一生可交配3~6次，每次可产生精珠15~40个，计产生精子3 000多个。而雌虫多次产卵，每次产卵1~10粒，最多30粒。因此每尾雌虫的产卵总量在60~480粒，平均产卵总量约300粒。如果人为地加强管理可延长产卵期和增加产量，例如在提供营养丰富的复合生物饲料和适宜的温度、湿度条件下，有的优质种虫产卵量可达1 000粒以上。产卵期平均22~130天，但80%以上的卵在1个月内产出，常数十粒粘在一起，表面粘有食料碎屑物，卵壳薄而软。雌虫产卵一个半月后，如果没有大量的新鲜能源补充时，卵巢就会渐渐萎缩退化。如果此时能持续补充充足的能量，可促进雌性生殖系统尤其是卵巢的继续发育，可以重新产生大量的优质卵子，以供下一次的生殖行为之用。所以说在成虫的繁殖期间，我们一定要提供充足的优质饲料，这不但可以提高卵子的数量，对卵子的质量也大有好处。一旦发现雌虫的产卵量下降，就可以将它们淘汰。成虫期仍进食，饲料质量影响产卵量，因此在交配产卵期要供给营养丰富的饲料。

由于雄虫的交配能力较强，可连续与6~8条雌虫交配而不影响它的寿命和受精率，因此在大规模饲养时，要充分利用这一特点，减少多余雄虫对饲料的消耗以及雄虫对雌虫的侵扰，同时也是为了适当降低养殖密度来考虑，可以在黄粉虫雌雄比例为1:1的条件下，群体交配繁殖8天左右，及时去除老的雄虫，补充新的雄虫。更换的老雄虫可以直接到市场上出售，或者用来进行加工或投喂其他经济动物，同时利用更新雄虫的机会把雌雄比例升上去，可以达到雌雄比例为2:1。

黄粉虫的雌雄在虫蛹阶段易于辨别。虫蛹长12~20毫米，乳白色或黄褐色，无毛，有光泽，鞘翅芽伸达第三腹节，腹部向腹面弯曲明显。腹部背面各节两侧各有一较硬的侧刺突，腹部末端有一对较尖的弯刺，呈八字形，腹部末节腹面有一对不分节的乳状突，雌蛹乳突大而明显，端部扁平，向两边弯曲，雄蛹乳突较小，不显著，基部愈合，端部呈圆形，不弯曲，伸向后方，以此可区别雌雄蛹。

五、光的敏感性

黄粉虫性喜暗怕光，是负趋光性昆虫，不需要太强烈的光照，在暗处比在光亮处生长要快。在自然界，成虫喜欢潜伏在阴暗角落或树叶、杂草、粮堆表面的阴暗角落或其他杂物下面躲避阳光；幼虫则多潜伏在粮食、面粉、糠麸的表层下1~3厘米处生活，夜间活动较多。黄粉虫一旦光线强烈，就要钻入暗处隐藏起来，所以人工饲养黄粉虫时要主动为它们创造一个光线较暗的环境，或者饲养箱应有遮蔽，在养殖中要尽量防止阳光直接照射影响黄粉虫的生活。蛹最怕太阳暴晒，2个多小时就会被晒死。但也不能完全生长在黑暗中，平时有散射光照就行了。

正因为黄粉虫具有长期适应黑暗环境生活的特性，所以可分层饲养，充分利用空间。一旦成虫遇到强光照，就会向黑暗处逃避，养殖户常常利用这一习性，可以分拣蛹与成虫。

另外，不同的光照时间对黄粉虫成虫的产卵量也有较大的影响。成虫在自然较弱光照条件下，产卵量多、孵化快、成活率高。若遇强光长期连续照射，则会向黑暗处逃避，若无处躲避则会出现产卵减少、繁殖力降低，导致种群退化。

六、群居性

黄粉虫是集群性动物，性喜群居，幼虫和成虫均喜欢聚集在一起生活，适于高密度饲养，最佳饲养密度为每平方米2 000~3 000条老龄幼虫或成虫。人们常常利用它的这种习性来进行高密度饲养，但是笔者认为，黄粉虫饲养的密度要适中，不宜过大。一旦饲养密度过大时，黄粉虫的活动空间就会大大减少，食物易造成不足，导致成虫和幼虫吞食卵和蛹，造成养殖上的损失。还有一个原因就是当密度太大时，过多的黄粉虫拥挤在一起，导致群体内部的温度会升高，这对刚孵化或刚蜕皮的幼虫极为不利，往往造成它们的死亡。当然为了有效提高养殖效益，饲养密度也不宜过小，这样会造成空间的浪费，降低生产率。所以人工饲养时应注意分箱，控制饲养密度。

七、自相残杀习性

自相残杀习性是指黄粉虫群体有互相残食现象，这里既有成虫吃卵、咬食幼虫和蛹，高龄幼虫咬食低龄幼虫或蛹或卵的现象，也有各虫态均有被同类咬伤或吃掉的现象，表现为大吃小、强噬弱、能动的咬不能动的等行为。例如成虫羽化初期，身体白嫩娇弱，行动迟缓，易受伤害；从老熟幼虫中新羽化的蛹因不能活动易受损伤；正在蜕皮的幼虫无力防御而易被同类吃掉；卵也是其他虫态的同类取食的对象。自相残杀会严重影响产虫量，这种现象通常发生于饲养密度过高，特别是成虫和幼虫不同龄期混养更为严重，当然饲料投喂不足或不均匀时也会发生这种情况。

为了提高生产效益，必须想尽一切办法来防止黄粉虫的这种互残性，这也是人工养殖需要解决的问题，如何做到这一点呢？经过生产实践，我们认为可以从以下几个方面做好相关预防工作。

一是提供充足的优质饲料，满足它们的摄食需求，它们也就会相安无事了。

二是不要大小、老幼不分地一起混养，最好是同批卵同时产下的幼虫一起饲养，以确保养殖群体相对整齐。当养殖到了一定阶段后，要及时分拣，将个体差异较大的拣出另处养殖。

三是合理控制养殖密度，不可一味地为了追求高产量，而将密度安排得过大，这是很值得注意的一项工作。

四是用特制的产卵筛饲养产卵成虫，一旦产卵时，虫卵会及时从筛网的孔隙中漏出，从而达到虫与卵分隔的效果，则较好地解决了成虫吃卵问题。至于吃蛹问题，可以通过强光刺激，让成虫躲避后，再将蛹取出另行饲养。

五是加强日常管理，主要工作是分期采卵、分期孵化和分群饲养，加强观察，对混养或者是养殖时间较长的群体，要及时采取分拣方法及时分出虫蛹或成虫。

八、运动习性

黄粉虫生性好动，昼夜都有活动现象，但以夜间最为活跃。我们在饲养过程中往往会发现成虫喜欢爬到光线较暗的地方活动和产卵，因此在饲养过程中要人为主动地创造一些黑暗的条件。成虫后翅退化，不能飞行。成虫、幼虫均靠爬行运动，极活泼。人工饲养黄粉虫的饲虫盒内壁如果粗糙，幼虫和成虫极易爬出，为防其爬逃，饲养盒内壁应尽可能光滑。

九、蜕皮习性

黄粉虫幼虫具有周期性蜕皮的习性，而且这种蜕皮现象一般只发生在幼虫时期，其他虫态不蜕皮。幼虫每蜕皮一次增加一龄，体形增加，体重也随之增加。可以这样说，黄粉虫如果不蜕皮，就不可能长大。这是因为黄粉虫与其他昆虫一样，属于外骨骼动物，由于其表皮坚韧（即外骨骼），属于非细胞性组织，伸展性很小，当幼虫营养积累到一定程度后，必须蜕去旧表皮，形成面积更大的新表皮，才能使虫体进一步增大。在自然条件下，黄粉虫的寿命为 60~160 天，平均寿命 120 天左右。据观察，在这短短的一百多天中，幼虫蜕皮次数 8~19 次不等，通常 13~15 次，也就是说通常为 13~15 龄，4~6 天脱皮 1 次，历经 60~80 天，每尾黄粉虫的蜕皮次数与营养条件密切相关。

蜕皮时幼虫停止取食，头部脱裂线裂开，幼虫蜕出，刚刚蜕皮的幼虫呈乳白色，1~2 天后变为黄褐色。在蜕皮时间上，黄粉虫幼虫约 1 周蜕 1 次皮。每次蜕皮的间隔时间随虫龄和温度、营养条件的不同而不同，通常随虫龄的增加，蜕皮间隔时间也增加。另外，幼虫蜕皮的速度和质量也与温度、湿度、营养等条件密切相关，在温度、湿度、营养适宜的情况下，幼虫蜕皮顺利，否则将出现蜕皮困难，甚至畸形死亡现象。

在养殖过程中，值得注意的是黄粉虫在蜕皮时和刚刚蜕皮后的短时间内，躯体十分娇弱，抵抗外来侵袭的能力非常弱，极易受到同胞的蚕食，这要注意防范和保护。

十、变态习性

黄粉虫是完全变态的昆虫，它具有变态的习性，一生要历经 4 次不同的形态，即小而圆的卵期、大而娇嫩的蛹期、长圆形的幼虫期、甲虫状的成虫期。适宜温度在 20~25℃ 的条件下，黄粉虫从卵发育至成虫约需 133 天；在 25~32℃ 的条件下，黄粉虫从卵发育至成虫只需 110 天。每次变态前，它们都有一些明显的征兆，例如体色变白，活动减弱，爬到饲料上等行为。变态前基本上不摄食，变态后的短时间内体质非常娇弱，极易受到伤害。了解这些变态前的行为，可以有效地采取措施，加强保护，提高它们的变态成活率。

1. 化蛹

黄粉虫在变态历程中，有一个特点就是必须经过化蛹阶段，化蛹也就是幼虫变为虫蛹的过程。黄粉虫幼虫从孵化开始通过取食不断积累营养，生长脱皮，当幼虫阶段营养积累完成后，就要化蛹。在化蛹前，黄粉虫老熟幼虫化蛹前爬行到幼虫较少的场所和食物表面，停止取食，经一段时间后蛹从幼虫表皮中蜕出，初为白色，后变为黄白色。蛹是表面静止而体内发生复杂变化的虫态，是幼虫器官结构转变为成虫器官结构的过渡阶段。由于化蛹期是相对静止期，且持续时间较长，很容易遭受黄粉虫幼虫和成虫的捕食，因此及时将蛹从幼虫饲养容器中拣出、把羽化的成虫及时移到成虫饲养容器中是非常重要的管理环节。

2. 孵化

像小鸡孵化一样，黄粉虫的卵在完成一系列的胚胎发育后，它的幼体就会钻破卵壳而爬出，这个过程叫做卵的孵化。刚孵化出来的幼虫非常娇嫩，还没有防御敌害生物侵袭的能力，因此要加强管理，确保养殖的成功。卵在 10~20℃ 条件下需 20~25 天孵化；在20~25℃下，卵期 7~8 天；在 25~28℃下卵期 5~7 天；30~32℃ 则需要 3~4 天。

在自然界，一般黄粉虫 1 年发生 1 代，以幼虫的形态越冬。在人工养殖条件下，黄粉虫可周年繁殖，一年可发生 3~4 代，世代重叠，最多可达到重叠的 6 代，无越冬现象，冬季仍能正常发育。

3. 羽化

羽化是虫蛹变为成虫的过程，这也是黄粉虫一生中必须经历的一个虫态期。黄粉虫蛹的羽化对环境温度和湿度有一定的要求，一般在 25~30℃，湿度为 65%~75%条件对其羽化有利。在温度过高或过低、湿度过大或过小时都会影响羽化的质量。

十一、寿命

成虫寿命为 50~160 天，平均寿命为 60 天。科学测试表明，黄粉虫一生中的有效积温总和在 1 450 天·℃；在温度 20℃以上时，成

虫寿命随温度的升高而缩短。比如在 20℃饲养时，黄粉虫的寿命为 64 天左右；在 24℃饲养时，黄粉虫的寿命为 55 天左右；在 28.5℃饲养时，黄粉虫的寿命为 42 天左右；在 31.5℃饲养时，黄粉虫的寿命为 38 天左右；在 36.5℃饲养时，黄粉虫的寿命为 27 天左右。

第四节　养殖前需做好的准备工作

古人云："预则立，不预则废。"这句话用在黄粉虫的养殖上非常适用，黄粉虫养殖和经营毕竟是一种投资行为，是和金钱打交道的，一旦投资不慎，就有可能亏本，甚至会血本无归。更何况黄粉虫养殖是一项新兴的特种产业，过去缺乏这方面的实践经验和技术。因此在投资养殖前一定要做好各方面的充分准备，不打无把握之仗，确保黄粉虫养殖顺利成功。经过调查和经验，我们认为在养殖黄粉前要做好以下几项准备工作。

一、心理准备

也就是在决定饲养前一定要做好心理准备，可以先问问自己几个问题：决定养了吗？怎么养？采用哪种方式养殖？风险系数是多大？对养殖的前景和失败的可能性有多大的心理承受能力？决定投资多少？是业余养殖还是专业养殖？家里人是支持还是反对？等等。

二、知识储备工作

作为一名有志于黄粉虫事业的养殖者，不但要学会从书本上学习现成的理论知识和技术内容，更要学会在这种基础之上不断地突破，不断地改进，不断地探索出最适合自己的养殖技术。个人认为，在对黄粉虫养殖的知识储备方面，应该重点做好以下几个方面的工作。

一是要了解黄粉虫的基本习性，努力营造合适的养殖生态环境。了解黄粉虫的生长习性，包括它所适宜的温度、湿度、溶解氧、酸碱度、对药物的敏感度等一些习性，然后根据这些习性，再结合本地的自然资源，努力营造合适的养殖生态环境，确保黄粉虫的经营成功。

二是要积极参加学习培训，掌握基本的养殖技术。当今是一个科技创造财富的时代，如果没有掌握黄粉虫人工养殖管理技术就去开展规模化养殖，那是一种盲目性投资，也是走进理论账计算的一个重大误区，更是忽视了技术管理才能产生效益的关键要点。最好还要参加系统的学习培训，掌握黄粉虫养殖和经营的一些基本技术，比如黄粉虫种虫的选购、鉴别、幼虫培育、饲料投喂、温度和湿度控制、日常管理等，然后到其他已经成功的黄粉虫养殖和经营大户那里实地参观学习，学习并借鉴别人成功的经验，然后再动手经营。尽量避免盲目性，尽量少走弯路，减少不必要的经济损失。

三是要掌握黄粉虫养殖的关键性技术，尤其是规模化人工养殖技术、黄粉虫的科学引种与繁育、黄粉虫的贮存与运输技术、黄粉虫的饲料来源与科学投饵、黄粉虫的病害防治、黄粉虫的综合利用等。

三、做好市场调研工作

1. 了解黄粉虫的收购市场

重点要了解这些内容：黄粉虫市场的容量有多大？市场的收购价格是多少？商品如何分级及分级的价格如何？如何进行黄粉虫的初加工？黄粉虫收购商有哪些？收购商的信誉度如何等。

2. 了解黄粉虫的养殖市场

一定要了解现在是供大于求还是求大于供，是市场确实有需求还是人为抬高的假象。如果确实是供大于求，全国的市场还有很大的缺口时，我们就可以大胆养殖；如果市场已经趋于饱和甚至养殖出来的产量已经大于需求时，就要好好考虑一下投资的必要性和风险性。

市场是一只无形的大手，最终的产品都是通过市场来检验的，掌握不住市场的动态，只有一个结果，那就是丰产不丰收。

3. 了解黄粉虫的消费市场

这个准备工作尤其重要，黄粉虫作为一种新兴的养殖品种，是有

它的特殊性的，一定要了解市场并作出准确定位和判断。因为我们每个从事黄粉虫养殖的人都很关心，黄粉虫的市场究竟怎么样？前景如何？也就是说在养殖前就要知道养殖好的东西怎么处理？是自己养鸟用，养蝎子用还是养金鱼用？还是为其他饲料厂家配套提供蛋白质能源用？一天打算生产幼虫多少？市场能销售多少？花鸟鱼虫市场的份额是多少？如果一时卖不了或者是价钱不满意，那该怎么办？是采用与供种单位合作经营也就是保底价回收还是自己生产出来自己到市场上出售？这些情况在养殖前也是必须要准备好的。如果没有预案，万一出现意想不到的情况发生时，养殖那么多的黄粉虫怎么处理，这也是个严峻的问题。

经过了解分析，现在黄粉虫的市场主要包括五大类，养殖者在养殖之前就要定位清楚自己将来养殖出来的产品究竟是属于哪一类市场，并采取切实可行的方案

一是传统饲料市场：由于黄粉虫最初引进到中国就是为了养殖宠物服务的，是为了解决花鸟鱼虫的优质饲料服务的，因此目前黄粉虫的传统饲料市场还是在各大中城市的花鸟鱼虫市场，主要是以鲜活的幼虫出售，用于饲喂观赏鱼、观赏鸟、蝎子、观赏龟等肉食性动物，是这些宠物首选的优质动物蛋白饲料。因此如果靠近大中城市的朋友，可以依托这种市场空间，主要是以活虫供应的方式来抢占市场。

二是新兴市场：就是新开发的市场或潜在的市场。由于黄粉虫作为宠物饲料的优良表现，近年来黄粉虫的虫干和鲜虫都陆续进入了宠物界的其他领域，已逐渐被宠物界所认同，市场需求量也日益增长。例如蜥蜴、宠物蛇、拟步甲等的养殖都已经广泛采用黄粉虫。

三是干虫市场：过去的宠物饲料包括一些大宗饲料如畜禽饲料、水产饲料等的动物蛋白源主要是来自两方面，一是来源于畜禽产品的下脚料，二是来自于鱼粉。由于后来畜禽疾病的发生以及流行病的传染，发达国家已经先后禁止使用畜禽产品的下脚料作为饲料，同时世界各地由于酷渔滥捕，导致鱼粉的产量也不断减少，价格逐年飙升，这种情况就直接造成了养殖饲料价格也不断攀升。因此人们就急于找

到新的蛋白替代品，而黄粉虫正是由于具备了多种优势而成为吸引全球饲料行业的目光，当然也就成了高级动物蛋白市场备受关注的新生事物。黄粉虫经过简单的干燥加工成虫干后，就可以直接添加在饲料中代替鱼粉生产各种专用的饲料了。正是由于全球饲料行业对动物蛋白需求量的上升，预计将来黄粉虫的干虫市场将会逐年扩大，尤其是质量好的虫干，价格将会更高，养殖收益将会更加明显。

四是食品保健品市场：除了风靡全球的黄粉虫虫菜、蛹菜外，利用黄粉虫做原料而生产的各种保健品也大有市场，目前全球各国都对黄粉虫的食品和保健品加大了开发、研究市场，而且也取得了许多成果。目前市场上已经出现了许多以黄粉虫为原料进行加工生产的保健品。

五是深加工开发市场：这种深加工主要体现在以黄粉虫各个虫态、各个阶段为原料而开发出来的虫油、蛋白质、几丁质、氨基酸等，而且这种深加工的产品和研究方向也日益受到许多行业的关注及参与，这将会对黄粉虫产业的良性发展产生重要影响。

四、要有风险意识准备工作

对于技术风险来说，虽然黄粉虫是外来种，但是现在在我国基本上已经安家落户了。从 20 世纪 80 年代以来，我国的养殖爱好者率先进行黄粉虫的养殖，主要目的是用于蝎子的饲料，随后一些科研人员和科研机构也都先后介入并作了深入的研究。多年来，我国科研人员重点针对黄粉虫的人工养殖技术、养殖模式，新品种的选育、提纯与复壮，工厂化生产技术的应用与推广等均进行了较系统的研究，并取得了一系列研究成果。这方面的典型成果就是山东农业大学黄粉虫课题专家组取得的，例如山东农业大学先后完成的《黄粉虫新品种选育、繁育及产业化研究》《黄粉虫工厂化生产技术和示范应用》等成果就分别通过山东省农业厅、农业部组织的成果鉴定，后者获山东省农业厅农牧渔业丰收计划二等奖。尤其丰收计划更是将黄粉虫养殖技术的推广力度加大，先后培育了十余家虫业企业，推广了 500 余家生

产养殖基地。在这些基地和公司的共同努力下，黄粉虫的养殖更是遍布全国。另外，吉林农业大学的课题组，也对黄粉虫的开发与研制方面进行了大量的研究工作，取得了《昆虫多糖生防制剂研究》等资源开发利用研究的新成果。因此，在技术方面风险不大。

对于生态风险方面，根据专家学者对黄粉虫生物学特性、对温度的适应、对湿度的要求、交配的要求、群居性等方面的综合研究结果，表明黄粉虫在自然环境中是不会泛滥成灾的。这是因为黄粉虫既不能在高密度条件下重返自然环境长期生存并无限制地繁育后代，又不像一枝黄花那样没有天敌危害，在自然界中存在各种天敌，如鸟、蛙、蜥蜴、老鼠、蛇、蚂蚁、龟等均可大量捕食黄粉虫，自然抑制作用较强。因此，大规模养殖黄粉虫无生态风险。

五、做好种源保障准备工作

种源是黄粉虫养殖的基础，没有好的种源，黄粉虫的养殖与经营也就无从谈起。因此在养殖前还要做好种源的保障工作。主要是做好优质种源的供应问题，我们在进行技术服务时，就有明显的感觉，有些养殖户全凭拍脑袋做事，当把一切工作都准备好了，才发现养殖场处于"等米下锅"的状态，等待着黄粉虫的种源来养殖。由于种源的信息不对称以及物以稀为贵的属性，一些拥有苗种资源的企业和大户就趁机抬高销售价格，甚至以不合格的苗种供应，从而给养殖户造成巨大的损失。因此建议大家在养殖黄粉虫前一定要和苗种供应单位签订好供种协议，确保充足且及时的苗种供应。

六、做好资金的筹备工作

1. 投资预算

为了确保资金的合理运用，在黄粉虫养殖投资前，有必要对投资和经营做个预先的概算，对于一个刚刚从事黄粉虫养殖与经营的人来说，他的投资应该包括以下几个方面：养殖场所的改造费用、基本养殖设施的购置费用、苗种及饲料购买的费用、员工工资的费用和其他一些正常经营管理费用，如水电、运输、药品等的购买费用及一些不可见费用等。对于这些费用的大概情况必须先做个预算，做到心中有数，千万不能有钱了就一股脑儿花出去，没钱了连饲料的钱都没着落了，如果这样子搞黄粉虫养殖的话，那么只有一个结局——亏本！

因此，我们建议在进行黄粉虫养殖投资前，一定要将规模控制在自己可以掌握的范围内，切实保证在自己经济预算范围内，也就是说有多大力就使多大的劲。紧紧抓住自己的钱袋子，看清楚自己的实力，千万不可一味地贪大求洋，资金不足时到处借款，最后就可能导致自己的资金来源不畅，甚至资金链断裂，从而千万投资失败。

本文在这里举一个简单的例子来说明，仅供参考，具体的投资还得看具体的情况而定。例如以 15 米^{2}房间为单位，投入 500 只标准饲养盘，按每只饲养盘 6 元来计算，共需 3 000 元；3~6 个饲养架，需 600 元；人工 3 个，600 元（以月工资 200 元计）；其他 300 元，总计 4 500 元整。另外还需要饲料的钱以及最大的投入，就是苗种的钱，这些都需要在养殖前要预算好，并及时筹措到位。

2. 资金筹集

根据我们的调查了解，目前一些大户进行黄粉虫养殖与经营的资金筹集方式有以下几种。一种是拿出自己多年的积蓄，这可能要占到 50% 以上比较合理，经营的风险才相对较小，千万不能手中一分钱没有就要进行黄粉虫养殖，从养殖场所的建设到苗种引进再到饲料投喂，最后是成品上市，全部是靠别人的钱来维持，那样的话非常危险；第二种就是借款，向自己的亲朋好友借，一般来说，感情不是特别浓厚的亲戚朋友很难借到更多的款项；第三种通过入股分红的方式进行资金筹集，可将黄粉虫养殖与经营的成本分成若干股，由朋友、亲戚或社会上的人来认购股份，这对吸引民间游资还是有帮助的；第四种就是向信用社或银行进行贷款，可以利用政府对农民创业的支持政策，通过银行实现低息贷款、小额贷款甚至是无息贷款。银行贷款的形式有个人保证贷款、个人抵押贷款、个人

质押贷款和个人创业贷款等，要根据自己的实际情况申请最合适的贷款方式。

七、养殖设施准备

1. 养殖场所的准备

养殖黄粉虫必须有场所，没有场地是无法进行养殖的，这个场所就是我们通常所说的饲养房。由于最初黄粉虫是在粮食仓库里生活、繁殖的，所以人工饲养时就要尽量模拟它的原始生活方式，故我们现在进行家庭养殖时基本上是在室内进行的。黄粉虫对饲养场地要求也是很有讲究的，它要宽敞、通风良好，能防止小鸟飞入、老鼠侵入等，室内光线要暗，保持黑暗，防止太阳照射，冬季还能取暖保温、保湿就可以。饲养房的大小不限，一般视养殖黄粉虫的多少和个人的养殖水平而定，像废弃的厂房、仓库、大棚都行。如果是少量养殖，只要有一间空房就可以。一般情况下每 20 米^{2}的 1 间房能养 300~500个木箱。饲养房内部要求温度冬夏都要保持在 15~30℃最好，夏季温度要能控制在 33℃以下，超过 35℃时虫体会发热烧死，冬季如果要继续繁殖生产时，温度需升高到 20℃以上。冬季若不需要生产，无法取暖时可让虫子进入越冬虫态，不需要加温。黄粉虫耐寒性较强，越冬虫态一般为幼虫，在-15℃不被冻死。湿度要保持在 50%~75%，地面不宜过湿。如果条件比较好的场所，可以考虑在室内安装控温设施，进行周年不间断地养殖，这样的效益会更好。

2. 饲料的准备

养殖黄粉虫的饲料来源虽然比较广泛，但是在养殖前就要准备好充足的饲料，生产实践已经证明，如果准备的饲料质量好，数量足，养殖的产量就高，虫体就大，质量就好，当然效益也比较好，反之亦然。对于粗养殖型的农户，饲料宜准备麦麸、秸秆、菜类为主，另外可配制少量的饲料。对于规模化生产的精养型的企业，则要有专用的人工配合饲料，搭配少量的粗饲料。总之要以最少的代价获得最大的报酬，这是任何养殖业的经营基础。

3. 器具的准备

（1）专用饲养设备的准备　也就是饲养盘或称为养殖盒和饲养架的准备，是专门养殖黄粉虫幼虫的，同时也可以作为产卵盒使用。饲养黄粉虫的木盘为抽屉状木盘，一般是长方形，规格是长 100 厘米，宽 50 厘米，高 8 厘米左右。板厚为 1.5 厘米，底部用纤维板钉好。筛盘也是长方形，需要把它放在木盘中，长宽高分别为 75 厘米、35 厘米、6 厘米，板厚为 1.5 厘米，底部用 10 目铁筛网用三合板条钉好。制作饲养盘的木料最好是软杂木，而且没有异味。为了防止虫往外爬，要在饲养盘的四框上边贴好塑料胶条或蜡光纸。饲养盘木架的数量应根据饲养量和饲养盘数的多少来制作，然后用方木将木架连接起来固定好，防止歪斜或倾倒，最后就可以按顺序把饲养盘排放上架。

（2）分离设备的准备　也叫分离筛子，主要是用于卵和蛹、幼虫和蛹、成虫和卵、幼虫和虫粪以及大小不同的幼虫之间的分离，它是用粗细不同的铁筛网，10 目是用作卵筛用，12 目、14 目、16 目分别是用来分离不同龄段的虫子，40 目、50 目、60 目用来筛虫粪，100 目用来倒成虫。40 目中孔的筛大虫粪。60 目的小孔筛网，可筛 1~2 龄幼虫。另外简易一点的分离用具可以用簸箕和箩筐。

八、养殖模式的准备

养殖方式的选择首先要根据养殖目的而定。一般以自用为目的的适合选择盆养方式，设备简单且不必设专人管理。如果以外销商品虫原料为目的，则可考虑池养或架养。具体选择哪种方式，要根据客观实际情况而定，养殖场所特点以及资金设备投入多少等都将影响最后的选择结果。

1. 自己养殖自己利用

这种养殖模式就是养殖户自己利用空闲的房屋或空地养殖黄粉

虫，养殖出来的成虫自己再进行利用，主要是用来喂养其他的经济动物，比如可以用来饲喂黄鳝、乌龟等，以取得理想的经济效益。

采用这种养殖模式时，要考虑到饲料的来源很方便的优势，可以充分利用家里的农作物秸秆、瓜果、蔬菜、谷糠等低值的农副产品，只要养殖出来的产品够用就行。如果条件比较好，在夏秋季可以大量繁殖、增殖时，可以用烘干机及时将鲜虫烘干，等到饲料紧缺时再用。

2. 自己养殖供别人利用

这种养殖模式就是养殖户自己养殖黄粉虫，但是养殖出来的成虫是卖给别人使用。采用这种模式养殖时，一是要有可靠的销路保障，由于市场依靠别人，在养殖过程中一是要注意养殖成本的控制，二是要能及时更多地提供优质产品，三是要及时回收资金，以利再生产。如果一时没有销出去的黄粉虫，建议不要积压，可以另寻其他的买家，或者立即制成干品保存。

3. 走"公司+农户"的路子

就是以一家黄粉虫的养殖公司为基础，这个公司既可以是黄粉虫的技术服务单位，也可以是供种单位，还可以就是本地从事特种养殖的公司，联系一家一户的农民从事黄粉虫的养殖，走"公司+农户"的养殖路子。通过政府搭桥、干部引导和公司上门服务，发展成一支懂养殖技术、懂防疫、懂销售的专业队伍，形成了产、供、加、销"一条龙"的新型购销模式。"公司+农户"的模式最典型的经营方式是，由农户负责提供养殖场所、负责筹措部分资金、提供劳动力，公司以低于市场价格来为养殖户提供优质的苗种供应，同时负责指定技术员上门进行技术指导，统一销售，养殖出来的产品最后由公司按当初合同上约定的保底价格回收。

4. 走合作社的路子

针对目前黄粉虫养殖大都还处于零星散养的模式，在传统的散户养殖经营中，规模性小，信息流通差，产品质量低，往往会发生养殖户增产不增收的矛盾。如何解决农民一家一户难以解决的问题，提升黄粉虫的市场竞争力，为养殖户增收提供可靠保障？新形势下的新问题要有新思维、新办法，可以考虑创办黄粉虫养殖专业合作社的路子，依靠科技促进经济社会协调发展，充分发挥黄粉虫养殖专业合作社技术人员的优势和特点，以科技示范户为基础，加强对市场的分析预测，提高信息的准确性，为定位、定向、定量组织黄粉虫的养殖和销售提供决策依据，形成了一个技术、产、供、销网络，为养殖户增收致富走出了一条新路子。

作为合作社，就要有相应的规章制度，就要实行黄粉虫养殖的科学管理，采取七统一的管理制度，即统一供种、统一技术、统一管理、统一用药、统一质量、统一收购、统一价格。购买种子时，由合作社统一联系，邀请有资质有技术保障的公司送种到家，负责技术指导。同时利用远程教育、广播、会议培训、发放技术资料等形式传授养殖技术。这种七统一的管理制度，不仅可以扩大当地黄粉虫的养殖规模，依靠规模效应，增加了他们在市场上的话语权，而且还避免了养殖户之间的无序相互竞争压价。只要管理到位，黄粉虫合作社的路子会越走越宽，为广大有志于黄粉虫养殖的人们开拓市场提供了一条捷径。

第二章 掌握黄粉虫的饲养技术是创业入门的手段

第一节 人工养殖黄粉虫优点

人工养殖黄粉虫的前提必须是有一定的市场需求，在技术上必须有新的突破，从而形成人工养殖的优势，根据分析我们认为养殖黄粉虫具有以下几个优势。

一、饲料来源广泛

人工饲养黄粉虫时，主要以麦麸、米糠、玉米皮、豆粕、农作物秸秆、青菜、秧蔓、酒糟等为食，每3~5天仅需投喂1次。这些原料在农村遍地可寻，而且价格很低廉，将这些低值甚至被视为农村垃圾的原材料转化为黄粉业是一种新型的农副产品转化方式。

二、饲养成本低

除了饲料来源广泛、饲料成本低外，人工饲养黄粉虫还具有饲养用具较少的优点，家庭用的木盒、塑料盆、木架、木柜等都可以用来做饲养容器，这些东西既可以在市场购置，也可以自家定做，成本很低，只要容器内壁光滑能防逃即可。还有一个成本低的原因就是它不需要太多的或者是专用的饲养场所，在农家屋舍里随时随地都可饲养，甚至有许多初创业者将黄粉虫饲养在床下的木箱里，也是很可行的。

三、具有业余创利的优点

养殖黄粉虫劳动强度小，操作简便，易于管理，饲养不占用白天工作时间，利用晚间喂食即可，因对养殖环境要求不高，在城乡居民住房、阳台、墙角或简易温棚均可顺利开展养殖，工薪阶层在工作之余也可以用它来创收。只要掌握正确的饲养方法，其成功率可达75%以上，根据调查，10 米^2 内立体生产每月可出 100~150 千克。按现在养殖专业户生产能力计算，一个三口之家的农户，用 50 米^2 左右的房屋做养殖场，一年可收入 2 万元左右。

四、生长快繁殖多

黄粉虫 3 个月为一个生长周期，每只雌虫可产卵数百粒，繁殖快而惊人，对温度、湿度等环境条件要求不严，在 10~35℃均可正常生长。

五、易养殖疫病少

黄粉虫自身传染病较少，也不是传播疫病的主要载体，喂养技术含量低，养殖户不受文化高低限制，人人都能饲养成功。

六、养殖形式多样化

黄粉虫养殖项目大面积推广，可形成新兴产业，增加就业门路。养殖黄粉虫既可以以公司形式专门化养殖，也可以是农户单独养殖。如果能形成产业化生产的话，可以采取"公司+基地+农户"模式经营，也就是以农户为生产单位，组成科研、生产、加工、营销一条龙的联合公司。形成产业后，完全可以缓解当地就业压力。

七、市场需求量大

黄粉虫的市场需求量首先取决于其功能和效用，养殖黄粉虫既可以作为蛋白质能源的提供者，作为名贵珍禽、动物、特种养殖的鲜活饲料，也可以制作营养保健品，可提高人体免疫力、抗疲劳、延缓衰老、降低血脂、抗癌等功效。同时它还是新兴的菜肴，用黄粉虫加工的"昆虫蛹菜"洁净卫生、完全无毒、无异味、不污染环境，经烘烤和煎炸后有奇香、口感好、风味独特，在国内如广州、上海等大城市已形成消费热潮，在外国如日本、韩国、英国、德国、法国等也早已成为大众普通菜肴。

总之养殖黄粉虫市场前景诱人，是一项城乡发家致富的好门路。

八、人工饲养利用黄粉虫的模式

人工养殖利用黄粉虫的模式比较多，这里仅以养殖黄粉虫并利用它来养鸡为例，来说明黄粉虫的综合利用模式（图1）。

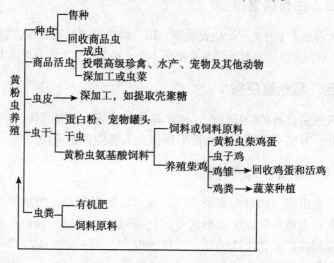

图1 黄粉虫的养殖利用模式

第二节 养殖方式的选择

一、确定养殖规模

养殖规模与养殖方式密切相关，养殖规模决定了养殖方式，养殖方式决定了养殖产量。根据目前黄粉虫养殖产量，可将黄粉虫的养殖分为工厂化大规模养殖与农民家庭小型饲养两种形式。

1. 大规模养殖

不同养殖形式的主要区别在于产量和经济要求有所不同，大规模养殖要求产量和生产总量高，可比经济效益也要高。由于黄粉虫是属于比较容易饲养的昆虫，而且操作简单、饲料来源广泛，具备了工厂化大规模养殖的可能性。因此对于那些需要规模发展、技术成熟、投资巨大且市场稳定的企业来说，适宜工厂化大规模养殖。

2. 小型饲养

一般情况下，抱着养养玩的目的且投资不大、技术不很成熟的情况下，适宜家庭小型饲养。另外对于那些刚刚起步的企业来说，也要先进行小型饲养，在了解养殖技术并掌握黄粉虫的生长规律后，再进行大规模养殖，这也是规避风险、提高养殖成功率的一种做法。

二、混合饲养

黄粉虫的养殖技术虽然简单，但在方式的选择上也不容忽视，不然会影响产量和养殖效益。根据养殖者希望达到的养殖规模、自己掌握的养殖技术、自身具备的养殖水平、自己的经济水平和承受风险的能力，可将养殖方式简单地分为混合饲养、分离饲养和工厂化养殖三大类。

混合饲养，简单地说就是将所有的黄粉虫混合在一起饲养，这是一种比较原始的养殖方式，适用于养殖规模较小、养殖技术简单、养殖水平不高、自己的经济能力又不强的情况时使用。它的优点是资金投入较小、人工投入较少、所需的养殖场所小、对风险的承受力也相对小得多。这种管理简单、省时省工的初级饲养方式，最适于初次养殖黄粉虫的朋友，也适用于家庭小面积、小规模饲养时的选择。

混合饲养的操作和管理也方便，就是将养殖容器选择好后，经过简单处理达到养殖条件后即可使用，最主要的就是确保容器口略大、深度达到 40 厘米左右、内壁非常光滑。然后将黄粉虫直接放入盛有饲料的容器中，让它们在容器内自由生长、自然交配和产卵，甚至连孵化等行为都在一起进行，只是在需要黄粉虫时再将虫子从容器中取出直接使用就行了。最初一些观赏鸟（尤其是百灵鸟、画眉）爱好者、金鱼爱好者就是为了自己的宠物食用而主要采用的这种养殖模式。经过分析，不难发现这种养殖模式也有它的弊端，一是各种虫态混合养殖在一起，不利于它们的生长发育。二是在饲养过程中，大约有一半的卵、幼虫以及蛹会被它们的同胞无情蚕食，或者会造成大量个体伤残和死亡，单位产量极低。三是饲料和粪便长期混合在一起，不卫生，会引起各种疾病的发生。四是这种养殖模式会浪费饲料，造成饲料报酬率较低。

三、分离饲养

分离饲养，简单地说就是将各态虫期的黄粉虫放入不同的容器中分开饲养，根据它们不同特点进行专门管理，这是一种科学的养殖方式，可以有效地防止黄粉虫之间的自相残杀。根据饲养容器和饲养设备的不同，黄粉虫的分离饲养可分为以下几种方式。

1. 箱养

用木板做成饲养箱（长 60 厘米、宽 40 厘米、高 30 厘米），上面钉有塑料窗纱，以防苍蝇、蚊子进入。箱中放一个与箱四周连扣的框架，用 10 目/厘米规格的筛绢做底，用以饲养黄粉虫。框下面为接卵器，用木板做底，箱用木架多层叠起来，进行立体生产（图 2、图 3）。

2. 塑料桶养

塑料桶大小均可，但要求内壁光滑，不能破损起毛边，在桶的 1/3 处放一层隔网，在网上层培养黄粉虫，下层接虫卵，桶上加盖窗纱罩牢（图 4）。

3. 池养

用砖石砌成 1 米² 大小，高 0.3 米，内壁要求用水泥抹平，防止

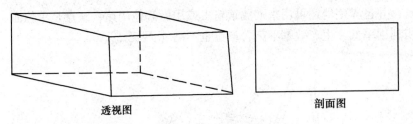

透视图　　　　　　　　剖面图

图 2　幼虫饲养箱

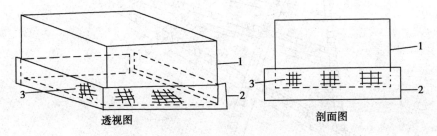

透视图　　　　　　　　剖面图

图 3　成虫饲养箱

1. 饲养箱　2. 集卵箱　3. 筛网

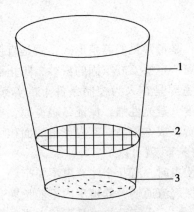

图 4　桶养黄粉虫

1. 桶　2. 隔网　3. 接卵纸

黄粉虫爬出外逃。池养的优点是养殖设备简单，成本较低，可大量养殖，并且养殖池还可用来贮放黄粉虫或用做其他用途；缺点是单位面积利用率低，生产效率不高，产量也不高（图5）。

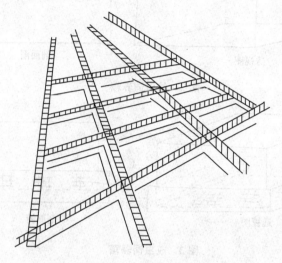

图5　池养黄粉虫

4. 室养

室养也叫房养，是最常见的养殖形式，就是直接在养虫室内进行养殖，养虫室的门窗一定要安好牢固的窗纱，防止敌害侵入，地面要用水泥抹平。由于室养是在人为控制条件下的养殖方式，保温效果好，便于调节温湿度，避光性强，保证冬暖夏凉，可大量养殖，但需增加加温的能源耗费，成本较高。室内养殖的面积可根据自己的需要而定，一般在 12~15 米^2 就可以了。

在室内养殖黄粉虫时，有几个注意事项要牢记：一是室内要有较好的通气条件，确保气流通畅，养殖房内不能长期有污浊的空气；二是室内的光线不要太强，由于黄粉虫是喜暗怕光的昆虫，因此在室内养殖时，要尽可能地营造这种环境；三是要发挥室内养殖的优势，加强对温度和湿度的调节力度，力求做到饲养室中的温度、湿度要保持稳定，不能忽高忽低，免得黄粉虫一时适应不了而易生病，另外切记向饲养器具中洒水；四是饲养室内不能堆放其他杂物，特别是农药、化肥等有刺激性的物品，有条件的话，农药、化肥及其他化工原料要远离养殖房；五是饲养黄粉虫的器具一定要定期清理，并且在清理后放在阳光下暴晒1~2天，目的是利用太阳的紫外线来杀灭杂菌并驱除害虫；六是饲养室要杜绝鼠、蛇、蚂蚁等天敌进入。

5. 盆养

盆养一般规模不大，不需要专职人员喂养，利用业余时间即可。饲养设备简单、经济，可以用内壁光滑的塑料盆、脸盆或陶瓷盆养殖。这种方法仅适于家庭小规模喂养，成本较高，但方法简单。可根据不同的虫态，分别放入不同的盆中饲养（图6、图7）。

图6　盆养黄粉虫

图7　塑料盆养黄粉虫

6. 柜养

柜养，也叫架养，如果养殖场所不是很理想，例如封闭性能不好、敌害较多或是为了方便叠放饲养，可以根据比例，将饲养箱适当缩小，形成一个个抽屉状的小饲养箱，直接放入柜中，形状与中药铺的药柜原理是一样的，可以大大减少饲养空间，而且牢固性比较强。抽屉的大小要比柜子的间隔略小一点，以方便抽屉能顺利地抽拉，要求抽斗内壁光滑，深度在30厘米左右（图8）。还有一种情况就是应用于规模较大的养殖场，便于工厂化养殖，生产效率较高。

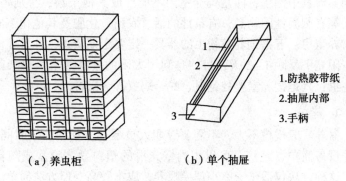

（a）养虫柜   （b）单个抽屉

1.防热胶带纸
2.抽屉内部
3.手柄

图8　柜养黄粉虫

7. 棚养

大棚养殖就是利用塑料大棚来进行黄粉虫养殖的一种方式，也叫日光温室养殖。通过塑料大棚做载体，可以使自然采光和人工加温相结合，创造一个相对恒温条件。由于塑料大棚的建设比较简单，投入成本相对较低，冬季保温效果差，因而不利于开展周年养殖黄粉虫。

四、工厂化养殖

工厂化养殖是一种集约化养殖方式，只要以上的养殖条件许可、养殖场所合适都可以进行工厂化养殖。这种生产方式可以大规模地提供黄粉虫作为饵料，适合黄鳝、鳖、观赏鸟类的养殖需要。

1. 架式工厂化养殖

工厂化养殖的方式是在室内进行，饲养室的门窗要装上纱窗，防止敌害侵入。房内安排若干排木架或铁架，每只木（铁）架分3~4层，每层间隔50厘米，每层放置一个饲养槽，饲养槽的大小与木架相适应。饲养槽既可用铁皮做成，也可用木板制成，一般规格长2米，宽1米，高20厘米，在边框内壁用蜡光纸裱贴，使其光滑，防止黄粉虫爬出。

2. 立体工厂化养殖

另一种工厂化养殖方式就是培养房大面积养殖。通常采用立体式养殖，即在室内搭设上下多层的架子，架上放置长方形小盘（长60厘米、宽40厘米、高15厘米），在盘内培养黄粉虫，每盘可培养幼虫2~3千克。

3. 柜式工厂化养殖

还有一种工厂化养殖方式就是柜养黄粉虫。就是定制专用的养虫柜，每个抽屉就相当于一个个的养虫箱，这是一种非常有效的高密度养殖方式，单位产量很高。

第三节 箱养黄粉虫

一、箱养黄粉虫的优势

箱养是黄粉虫养殖最常用的方法，它具有以下的优点。

一是适应范围广，可以适合中、大型规模的养殖。

二是操作方便，尤其是在换箱、清粪、分离时很方便。

三是木箱较为轻巧，搬动方便，可一层层叠放，通过叠加的方式来充分利用空间，可以提高空间利用率，减少占地面积，相对增加单位体积的产量。因此许多养殖户进行大规模饲养黄粉虫时，就根据需要做一定数量的木箱，在室内架起，进行立体饲养。

四是取材方便，用农村常见的木材就可以制作，如果是用塑料箱，市场上可以很方便地买到。

五是养殖产量高，根据养殖户的经验表明，1米^{2}的虫箱。可以养殖3~5千克的黄粉虫，每养500克黄粉虫需1.5千克左右的麦麸。在不影响工作的正常情况下，一个人利用业余时间可以养15米^{2}左右的木箱。按每条成虫繁殖2 000条计算，一年可繁殖4代左右，那么一年产200千克左右的黄粉虫，这样的产量还是相当惊人的。

六是技术易掌握，一旦正确掌握了箱养黄粉虫的技巧，黄粉虫的繁殖量和养殖产量会大大增加，经济效益会显著提高。因此现在大部分养殖户都使用这种箱养技术。

二、设备准备

箱养黄粉虫的养殖设备主要是养虫箱，这是养殖的基础，还有就是供繁殖用的集卵箱，当然用于分享虫粪的筛子或箩筐也是不可或缺的。

1. 木质养虫箱

目前在农村采用箱养黄粉虫技术的养殖户，大多数都采用木质养虫箱，这是因为在农村用木箱的成本会很低，降低养殖风险。顾名思义，这种养虫箱是用木质板材制作的，这些板材可以是实木板、密度板、胶合板或者是其他板材，最好是用实木板，当然在制作家具或砌房造屋时，那些边框下脚料也是不错的选择，既利用了边料，减少浪费，又可以通过养殖黄粉虫来取得一定的经济收入。因黄粉虫惧怕明水，用塑料盆养虫时，饲料水分稍大一些，盆底就会出现明水，对虫子有害，与塑料盆相比，木盒有一定吸潮作用，即使饲料湿度大一些，对黄粉虫也不会造成危害。当然用木质养虫箱也有它的缺点，主要是箱体的体重较大，在周转操作时劳动强度较大。

木质养虫箱一般是以卯榫制作，也可以用钉钉上，但一定要注意，用铁钉钉上时，要注意不能让钉子露出边框。边框用 1 厘米厚的木板，长度则要根据实际情况而定，一般长与宽的比例为 2∶1，底部由用三合板或纤维板，当然农村的木料较多的话，也可以用木板。养虫箱的内侧要求光滑，深 25 厘米左右，以防逃跑。通常是将箱侧板的内侧用砂纸打磨光滑，然后用 5 厘米宽的胶带纸或蜡光纸贴上一圈，用手轻轻压平，可以有效地防止虫子外逃和产卵不定位，也可以用塑料薄膜钉好。

2. 塑料养虫箱

塑料养虫箱的来源主要有两种，一种是直接从市场上购买，以长方形为宜，长与宽的比例为 2 : 1，深为 20 厘米左右，有时市场上没有合适的长方形箱，用正方形的也可以。另一种来源就是自己设计尺寸，然后到塑料生产厂家定做，这样的话，能够做到箱子的量足，而且合乎标准，适用于规模化养殖。塑料箱子的优点是来源方便，本身较轻，好操作，缺点就是它的底部不像木质箱子能渗去过多的水分，而塑料箱子的底部容易积水，当养殖环境的湿度过大时或投喂的青饲料过多时，往往会发现有部分水积在塑料盆中，从而造成底部的黄粉虫死亡。

3. 集卵箱

顾名思义，集卵箱就是为了收集成虫所产的卵而准备的特制的箱子，实际上它并不是一个箱子，而是由一个养虫箱和一个卵筛共同组成，卵筛的外径规格比养虫箱小一号，根据生产实践经验，一般可以小 10% 左右就可以了，这样的目的是为了方便卵筛装入养虫箱和从箱中及时取出卵筛。集卵箱一般是特做的，常用木材制作，内侧要求光滑，处理方法同前面的木质养虫箱，深度和养虫箱一样，卵筛底部要钉上铁窗纱，使卵能漏下去。

集卵箱的目的有 3 个，一是为了减少成虫对卵的蚕食而造成损失；二是为了减少饲料、虫粪对卵的污染，造成卵的发育不良；三是为了方便收取卵箱或接卵纸。

集卵箱的使用方法也很简单，先在养虫箱底部铺上一张洁净的报纸，便于收集卵，然后在报纸上均匀地铺设一层 3~5 毫米厚的麦麸作为集卵饲料，接着将经过选择可用于繁殖的成虫放在卵筛中，最后将卵筛放入养虫箱内就可以了。当到了产卵的时候，雌性黄粉虫会将产卵器伸到卵筛的纱网下面，将已经受精的卵产在卵筛下面的集卵饲料中，最后通过分享卵与饲料就可以得到比较纯净的卵纸了，再将卵纸进行孵化就可以繁殖下一代了。

4. 筛网

筛网的目的就是为了筛选和分享用的，主要是用于筛除虫粪和虫

体、不同大小的幼虫个体、卵和饲料等。筛网的结构可以是圆形的，也可以是长方形的。从方便操作的角度来看，我建议养殖户使用圆形的筛网。为了防止黄粉虫顺着筛网爬走，筛网的四周也要保持光滑，可用硬质塑料薄膜贴一圈，筛网的高度在35~45厘米为宜。使用筛网时要小心一点，动作不能太大，以免造成撞击力导致虫体破损。

筛网的网目可以多备几种，既要能满足分离不同个体所用，也要能满足分离卵子所用，通常用的筛网网目有120目、100目、80目、60目、40目、30目、10目和普通铁窗纱或塑料窗纱等几种。一般是1龄的幼虫用100目筛子除粪，2龄的幼虫用60目的筛子，3龄以上幼虫用40目筛网除粪，10目的筛网可用来分离幼虫及蛹，其他的网目也各有用途。

筛网的使用时机。一是连续投喂了5天左右后，当虫子将养虫箱内的饲料吃完时，用筛网筛走虫粪。二是当饲养了一段时间后，黄粉虫的密度较大而且个体生长出现了明显的差异时，这时为了防止弱肉强食的惨剧发生，要及时将大小不同的个体分离，就要用到筛网了。三是在收集到卵后，要及时将集卵饲料从卵中分离出去，这时也要用到筛网。四是分享蛹和幼虫时，也要用到筛网。总之筛网是非常重要的辅助养殖用具，一定要准备好。

5. 养虫箱架

用箱养黄粉虫时，不可能是一两个箱子，当箱子较多时，就要考虑叠放的问题。在实际操作中，箱子的叠放方式很多，有交叉式叠放，有层递式叠放，有放在架子上叠放。但是如果叠放不好的话，就会容易造成翻倒，给养殖造成一定的麻烦，尤其是塑料养虫箱，它的周身比较光滑，很难上下放好，所以养虫箱架就应运而生了。

养虫箱架的大小、材料、样式和规格都不是固定的，是养殖户根据自己的具体情况自行设计，总的要求是能放稳，占地少，充分利用空间，方便操作。繁殖箱一定要用规格整体的箱架，这样便于管理，主要是便于用报纸或窗帘遮挡光线或便于冬季保暖。

在规模化养殖时一定得使用养虫箱架，这是提高生产效益和利用空间的主要措施之一。箱架一般也是木制的，当然也可以用铁制，毕竟铁制的更加牢固，但是由于铁制的太沉重，搬运极不方便，所以目前大部分养虫箱架都是木制的。箱架间距一般比养虫箱宽5厘米左右即可，长度和养虫箱的长度一样就可以了，可以像超市里的货架一样分层摆放，这样会更加整齐、美观、稳定，也方便操作。

也有的养殖户并没有采用箱架，那么不同的箱子是如何叠放呢？在生产实践中，一些养殖户在冬季是将相同结构的箱子上下重叠放置，这样的话有助于保温，但不利于氧气的供给，到了夏季也不利于通风散热，会造成黄粉虫死亡。于是有的养殖户就做了略微科学的改造，就是在两个养虫箱之间用两根木条支撑，这样既可以达到相互叠放的目的，又可以提供通风散热的作用，木条的长度要比木箱长一些，宽和厚一般为5厘米左右就可以了。值得注意的有两点，这种方法适用于箱子叠放层次不多的情况下使用，二是在通风良好的情况下使用，而且更适用于木箱。

三、虫体选择

一切准备好后，就要放入虫了。在从外面引进虫种后，一定要经过认真的挑选，选取那些个体大、生命力强的虫子，在一批中要尽可能选择规格整齐、色泽鲜亮的个体。那些身体有残缺、生长性能不好、个体较小的就不要选，还有就是身体发黑的也不能选用。

四、放养密度

生产实践表明，幼虫在饲养箱中的厚度以1.2厘米为宜，不能超过1.8厘米，以免发热。参考密度为5~8千克/米³，根据这种密度可以推算，一个养虫箱可以养殖幼虫0.7~1.0千克，具体的密度要依据个人的养殖技术、养殖经验和环境条件而定，同时也与季节有一定关系，例如冬季虫子的密度可以适当增加10%左右，而夏季虫子的密度也要相应减少10%左右。

根据测算，黄粉虫的养殖密度可以用具体数字表示出来，现将不

同时期黄粉虫幼虫的个体列出来，养殖户可以根据这个数字大概测算出养殖数量或鉴定一下养殖密度是否合适。以 500 克的黄粉虫个体数量计算，刚刚出壳的幼虫约 50 万条，1~2 龄幼虫约有 30 万条，3 龄虫约有 15 万条，4 龄虫约有 6 万条，5 龄虫约有 3 万条，6 龄虫约有 1 万条，7 龄虫约有 8 000 条，8 龄虫约有 5 000 条。

五、幼虫的管理

幼虫的饲养是指从孵化出幼虫至幼虫化为蛹这段时间，这个过程是我们养殖生产的关键，一方面是它的增重倍数大，而且虫体也是我们最希望得到的成果。

在卵孵化前先进行筛卵，以取得相对纯净的卵，筛卵时首先用筛网将箱中的饲料及其他碎屑筛下，然后将卵纸一起放进孵化箱中进行孵化。孵化箱与产卵箱的规格相同，但箱底放置木板，这样一个孵化箱可孵化 1~3 个卵箱筛的卵纸。值得注意的是，所有的卵纸不能堆放在一起，这样会使小幼虫死亡，科学放置的方法是要将不同的卵纸分层堆放，层间用几根小木条隔开，以保持良好的通风。然后在卵上盖一层青菜叶，以保持适合的湿度。这样虫卵在孵化箱中，保持室温 25℃ 左右时，经 3~5 天可孵出幼虫。将孵出的幼虫从卵纸上取下，移到饲养箱里喂养，放一层经过消毒的厚 2~3 毫米的麦麸让其采食。如果孵化箱比较充足，可以将幼虫留在原箱中饲养，在 3 龄前不需要添加混合饲料，原来的饲料已够食用，但要经常放菜叶，让幼虫在菜叶底下栖息取食。

当箱中饲料吃完后，进行过筛，筛出虫粪，幼虫仍放回箱内饲养，并添加 3 倍于虫体重的混合饲料，可以麦麸为主。饲养实践表明，一般投喂 2.5 千克麦麸可收面包虫 1 千克。虫体长至 4~6 龄时，可采收来喂养蝎子等动物。用来留种的幼虫则继续饲养，到 6 龄时因幼虫群体体积增大，应进行分群饲养，幼虫继续蜕皮长大。幼虫经 10 天左右后进行第一次脱皮，以后共要脱 6 次皮左右，方才成为老龄幼虫。

幼虫的管理中有一样很重要的事就是饲料的投喂要科学，幼虫在15日龄前的消化功能尚未健全，因此不宜喂青料。但为了使虫体得到应有水分，要在饲料上加喷轻度水分，15~20日龄后可投喂青料，如嫩菜叶、水果等。随着幼虫的生长，由于各虫体因生长速度不同而导致个体大小不整齐时，为了防止相互残杀，此时要大小分群饲养，可用不同目孔的网筛分离幼虫大小。

因季节不同，管理方法也不同，如夏天气温高，幼虫生长旺盛，虫体内需要有足够的水，故必须多加含水分多的青饲料，有时还要通风降温。冬季，虫体含水量小，必须减少青饲料。应注意的是，基本上同龄的幼虫应在一起饲养，不能大小相混，使投食方便。如果旺盛幼虫则需补充营养物质，老幼虫则不需要。

当然，如果是将黄粉虫的幼虫当做饲料，直接用来投喂蝎子、观赏鱼时，可把卵纸放在脸盆中孵化出幼虫。在盆中饲养幼虫除了提供足够的饲料外，主要是做好饲料保湿工作，湿度控制在含水量15%，当幼虫至3~4龄时，把幼虫筛出投喂蝎子等动物。

还有一个日常工作就是要及时筛掉幼虫的蜕皮壳和粪粒，便于及时添加食料。

六、蛹的管理

经过一段时间的喂养后，当老熟幼虫长到50天左右，长2~3厘米时开始化蛹。老龄幼虫在化蛹前四处扩散，寻找适宜场所化蛹，这时应将它放在产卵箱中，防止逃走。这时要加强对蛹的护理工作，由于蛹的防御能力很弱，加上刚化蛹时的躯体相当娇嫩，因此不能与幼虫混养，否则会被幼虫咬死蛹，造成损失。预防方法很简单，就是及时把新化的蛹捡到饲养箱饲养，箱里先放一层3~5毫米厚的麦麸垫。化蛹初期和中期，每天要拣蛹1~2次，把蛹取出，放在羽化箱中，避免被其他幼虫咬伤。虽然蛹期不吃不动，但它也要呼吸，进行体内的新陈代谢，所以管理上也不能放松，要把它放在通风、干燥、温暖的地方。经过多次试验表明，如果将蛹封闭放置，3天后就会发生死

亡腐烂，一般由蛹到成虫成活率95%以上。

七、成虫的管理

刚开始，蛹头大，尾部小，两足向下紧贴胸部，呈白色，后逐步变黄，在温度25℃左右时经过1周就可以蜕皮变成成虫。刚变好的成虫乳白色，经10小时变黄，两天左右变黑色，完全羽化成熟的成虫，经交配产卵，繁殖第二代。刚孵化的成虫，虫体较嫩，抵抗力差，不能吃水分过多的青饲料，而其他成虫则无所谓。

没有性成熟的成虫，虽然它们的飞行能力极弱，但由于它们的活动能力和攀爬能力较强，因此养殖盆要求的深度在30厘米以上，内壁一定要光滑。投喂可按一般的情况进行投喂就可以了，投饲料的量一般是以成虫总体重的15%左右为宜。6—9月气温特别高，虫体内必须有足够的水分，来保持正常的新陈代谢，故要多添加青饲料，这时的青菜、青草、莴苣也比较多，都可以作为饲料。同时要多打开门窗通风，地面经常洒水，在饲养房内设置2个水盆等，使虫室湿度在规定的范围内。秋冬季及初春虫室要保温、加湿，使室内温度在25℃以上最好。

成虫饲养的任务是使成虫产下大量的虫卵。性成熟的成虫，很快就要产卵繁殖了，这时要在虫体体色变成黑褐色之前把它们放进特制的产卵箱中饲养，再在下面一层放进接卵用的白纸。成虫产卵箱的长、宽、高分别为60厘米、40厘米、15厘米，底部钉上网孔为2~3毫米的铁丝网，网孔不能过大，否则成虫容易掉下逃走，但也不能太小，不然箱内的杂物筛不下来。箱内侧四边镶以白铁皮或玻璃或硬质塑料薄膜，也可用透明胶条粘贴一圈，防止虫子逃跑。

投放雌雄成虫的比例为1:1。在投放成虫前，先在箱底下垫一块木板，木板上铺一张纸，让卵产在纸上。箱内铺上一层1厘米厚的饲料，这样才能使成虫把卵产在纸上而不至于产在饲料中。在饲料上铺上一层干鲜桑叶或其他豆科植物的叶片，使成虫分散隐蔽在叶子下面，并保持较稳定的温度。然后再按照温度和湿度盖上白菜，如果温度高、湿度低时多盖一些，蔬菜主要是提供水分和增加维生素，随吃随加，不可过量，以免湿度过大菜叶腐烂，致使成虫容易生病，降低产卵量。

成虫在生长期间不断进食不断产卵，所以每天要投料 1~2 次，将饲料撒到叶面上供其自由取食。对于产卵种虫而言，更需要吃营养丰富的饲料，这时可以人工配制饲料，通常可用小鸡料 90%、进口淡鱼粉 5%、禽用骨粉 5% 等制成，青饲料如菠菜、西瓜、冬瓜、南瓜、胡萝卜、山芋、菜叶等要喂足。配合饲料加适量水捏成小团，投放产卵盆四个角内，但配合饲料的水分千万要控制好，不能过多，否则含水饲料喂多了，会造成饲养盆内的湿度过大，虫子容易患病，死亡率很高。青料切成小片放置盆内，日投喂 2~3 次。由于成虫是负趋光性小动物，夜间活动量大，食量随之增加，因此傍晚投料要充足，投料量以第二天早上吃完为宜，不要新陈相接，以免造成浪费，同时老的饲料长期不吃会发生霉变，导致黄粉虫生病。一般每 5 天左右，可以停食半天，当仔细观察后，如果发现虫粪中已经没有大的饲料颗粒时，底部基本上是均匀的细小的虫粪颗粒，此时可以用 40 目或 60 目的筛子将虫粪筛出，然后继续投喂。有的生产量小的养殖户每天都筛，也是可以的，但是工作量会加大，建议 5 天左右筛一次就可以了。

成虫产卵时多数钻到纸上或纸和网之间的底部，伸出产卵器穿过铁丝网孔，将卵产在纸上或纸与网之间的饲料中，这样可以防止成虫把卵吃掉的食卵现象，约每隔 2 天取出产卵纸，换上新白纸。将收到的同期卵放进饲养盒让其孵化，这样，虫生长整齐，减少自残，便于管理。

黄粉虫的交配产卵过程，这里不再赘述，成虫连续产卵 3 个月后，雌虫会逐渐因衰老而死亡，未死亡的雌虫产卵量也显著下降，因而饲养 3 个月后就要把成虫全部淘汰，以免浪费饲料和占用产卵箱。而交配后的雄虫容易死亡，要及时清理出死虫的尸体，防止腐烂发臭变质，产生病菌，传染疾病。

第四节　盆养黄粉虫

一、盆养特点

盆养黄粉虫是适宜家庭室内饲养的一种方式，要求的技术也不能太简单，但也不太复杂，一般不需要专人饲养，只要合理利用业余时间就可以了。适合的生产量为每月 6~8 千克，主要是家庭养殖观赏鱼、蜥蜴、宠物龟、宠物鸟所用。现在也有养殖户用盆养的方式来养殖少量的虫子供钓鱼，多余的虫子既可以送给钓友，也可以出售。

二、设备准备

家庭盆养黄粉虫的设备比较简单、经济，通常用的有脸盆、塑料盆、木盆、铁盒、木箱等，要求盆子无破损，无破漏，内壁光滑，黄粉虫不能爬出容器为好。如果内壁不光滑，可贴一圈黄色的蜡光纸或用塑料胶条粘贴在一起，也可用白纸代替，将白纸粘在容器内壁一圈，用手轻轻抚平即可，围成一个光滑带，防止虫子外逃。其他的常用设备还有筛子，主要有 40 目、60 目和 80 目 3 种。

三、虫体选择

一切准备好后，就要放入虫种了。在从外面引进虫种后，一定要经过认真的挑选，选取个体大、生命力强的虫子，在一批中要尽可能选择规格整齐、色泽鲜亮的个体，不要选身体有残缺、个体较小的虫体，身体发黑的也不能选用。

四、放养密度

黄粉虫的饲养密度很有讲究，密度过大，不利于黄粉虫的生长发育，而且易引起虫子间的相互残杀；密度过小，则不利于空间的利用，经济效益较差。生产实践表明，幼虫在盆中的厚度以 0.8~1.0

厘米为宜，最好不要超过 1.2 厘米，参考密度为 4~6 千克/米^3。根据这种密度可以推算，一般普通脸盆可以养殖幼虫 0.5~0.8 千克，洗脚盆可以养殖 0.9~1.5 千克，市场上见到的椭圆形塑料盆可以养殖 2.5~3.5 千克。具体的密度要依据个人的养殖技术、养殖经验和环境条件而定，同时也与季节有一定关系。例如到了冬季时，虫子的密度可以适当增加 10% 左右，这样有利于虫体间的活动摩擦而产生一定的热能，对于防止盆内温度过快降低大有好处。但是，到了夏季，虫子的密度也要相应减少 10% 左右，以利于散热，并有效地防止盆内的温度过高而导致黄粉虫不适甚至死亡。

五、幼虫的管理

虫卵在室温 25℃ 左右时，经 3~5 天可孵出幼虫。在盆中放入色泽鲜亮饲料，如麦麸、玉米粉等，将孵出的幼虫从卵纸上取下移到饲养盆里喂养，放一层经过消毒的厚 2~3 毫米的麦麸让其采食，饲料为虫重的 10%~20%。5~7 天后，待虫子将饲料吃完后，将虫粪用 60 目筛子（60 目尼龙纱网制成的筛子，筛子内壁也要求光滑或用胶带纸粘一圈防护层）筛出，继续投喂饲料。幼虫经 10 天左右后进行第一次脱皮，以后共要脱 6 次皮左右，方才成为老龄幼虫。刚脱皮的幼虫白嫩，筛虫皮时动作要轻，避免损伤虫体。幼虫的管理中有一样很重要的事就是饲料的投喂要科学，幼虫在 15 日龄前的消化功能尚未健全，因此不宜喂青料，但为了使虫体得到应有水分，要在饲料上加喷轻度水分，15~20 日龄后可投喂青料，如嫩菜叶、水果等。随着幼虫的生长，由于各虫体因生长速度不同而导致个体大小不整齐时，为了防止相互残杀，要大小分群饲养，可用不同目孔的网筛分离幼虫大小，适当加喂一些蔬菜及瓜果皮类等含水饲料。

第五节　水泥池养黄粉虫

水泥池养殖黄粉虫是一种高密度精细养殖技术，在农村也常见。

一、水泥池要求

水泥池最好修建在室内，具有防老鼠、防壁虎、防蚂蚁、防野鸟的作用，同时要防止阳光直射，尽可能保持室内黑暗。为了保证夏季能快速散热，要求有一定的通风系统。

水泥池养殖的一个重要特点就是一旦养殖后，就不方便轻易地搬来搬去，因此要求水泥池的温控系统良好，夏季要能控制在33℃以下。根据生产安排，冬季如果需要连续繁殖生产时，要求水泥池的温度保持在15℃以上，最好能达到20℃以上。为了达到最好的养殖效果和保温性能，建议北方从9月下旬就开始加温，南方从11月开始加温。如果不需要继续生产，可让其以幼虫的形态自由越冬，但要确保池内的整体温度不能太低，最好不要低于-5℃，以保证越冬的幼虫不至于被冻死，从而造成损失。

二、水泥池的修建

水泥池多数为正方形或长方形，方形池较易于管理，但长方形池可有利于提高养殖池的边长，有利于黄粉虫的养殖产量，也有一些养殖户使用圆形水泥池，总之只要适用就可以了。如果是多个水泥饲养池串联或并联，则水泥饲养池的形状最好是长方形。一般要求15~35米²，池深30~60厘米，便于喂饵、观察，每天也要有2小时左右的光照。

在室内修建水泥池时，应该考虑到水泥池的通风和照明。水泥池的形状、尺寸可根据需要而定。池子可建成地上式或半地上式，池底的设计要有利于集中排污，从保温的角度出发，建议采用半地上式的修建模式。

在修建时，先用砖砌成池子，再用水泥做护面。为了防止水泥池漏水或渗水，作为护面的水泥一般要涂抹四层。池内墙壁要用水泥抹平，要保持光滑，池面尽量宽阔，不宜采用凹凸不平的石头，以免黄粉虫收集不方便，也为了防止黄粉虫逃逸，池边可设有反檐防逃设备。

新修建好的水泥池，5 天左右水泥凝固，但是不能马上使用。因为水泥中含有相当数量的碱性盐类，所以在使用前要注意洗除强碱性物质，通常称为去碱，经试验无毒后才能放养黄粉虫。去碱的方法通常可用 4 种：第一种方法是在新池注满水后，每 1 米^2 面积水泥池加入约 50 克冰醋酸均匀混合，24 小时后排出；再重复 1 次，3~5 天后排走；最后再放清水浸泡 2~3 遍即可。第二种方法是用 1 000 毫克/升过磷酸钙溶入水中浸泡 1~2 天，洗刷水池表面，中和碱性，然后注满水浸泡数天，再用清水冲洗 1~2 遍后即可。第三种方法就是用硫代硫酸钠去除水泥中的硅酸盐，然后用漂白粉消毒，最后用清水漂洗即可。第四种方法最简单，但效果相对较差，就是用清水把水泥池浸泡冲洗 1~2 周后再排干，经日光暴晒 2 天后，再用清水洗两遍就可以了。

三、水泥池的保温越冬

养殖场的保温对持续性生产非常重要，如果加温保温适当，每年可延长黄粉虫繁殖 3~4 代。目前水泥池在越冬保温方面的方法主要有以下两种。

一是用人工煤、电加热保温的方法，虽然可以造成黄粉虫越冬的小生境，但一般投资较大，耗费大量能源，故成本很高。

二是将水泥池建设在玻璃暖房内，暖房内多见的是砖砌水泥抹面养殖池，也有阶梯式养殖池，可以充分利用玻璃暖房空间。玻璃暖房四壁要求北高南低，暖房顶部盖玻璃向南倾斜，有利采光，密封室暖房一侧开小门，另一侧设通气孔。暖房普遍用立式小锅炉加温，有利于管道注入蒸气提高水温，也有依靠锅炉提高气温办法。玻璃暖房顶上加盖稻草帘，寒潮时还须盖上塑料薄膜。天晴回暖，打开薄膜草帘，让阳光透进房内。

四、水泥池的养殖技术

黄粉虫生长适温为 25～35℃，室内空气湿度以 65% 左右为宜。在长江以南一带一年四季均可养殖，在特别干燥的情况下，黄粉虫尤其是成虫有相互残食的习性。

饲养前，首先要在水泥池内放入经纱网筛选过的细麸皮和其他饲料，再将黄粉虫的幼虫放入，幼虫密度以布满池底，且最多不超过 3 厘米厚为宜。最后上面盖上菜叶，让虫子生活在麸皮菜叶之间，任其自由采食。虫料比例是虫子 1 千克、麸皮 1 千克、菜叶 1 千克，刚孵化后的幼虫以多投玉米面、麸皮为主，随着个体的生长，增加饲料的多样性。每隔 1 周左右，换上新鲜饲料并及时添补麸面、米糠、饼粉、玉米面、胡萝卜片、青菜叶等饲料，也可添加适量鱼粉。每 10 天左右清理一次粪便。

在水泥池里饲养的黄粉虫幼虫要蜕皮 15～17 次，每蜕皮一次就长大一点，当幼虫长到 2 厘米时，便可用来投喂动物，当幼虫继续生长到体长 3 厘米时，颜色由黄褐色变淡，且食量减少，这是老熟幼虫的后期阶段，会很快进入化蛹阶段。这时要及时将蛹从幼虫中拣出来集中管理，蛹期要调整好温度与湿度，以免发生霉变。蛹经 7～9 天，就可以羽化成为成虫，成虫活 30～60 天。

在饲养的过程中，卵的孵化以及幼虫、蛹、成虫要分开饲养。当大龄幼虫停止吃食时，要拣出来放于另一水泥池里，使其产卵。经 1～2 个月的养殖，便进入产卵旺期，此时接卵纸要勤于更换，每 5～7 天换 1 次，每次将更换收集的卵粒分别放在孵化箱中集体孵化。

第六节　工厂化养殖技术

黄粉虫虽然身价不凡，但工厂化饲养却能取得较好的效益，总的来说，只要掌握规模化生产的技术要领，养殖还是比较简单的，而且饲料来源广，用工少，只要容器内壁光滑能防逃即可。一般情况下，一人可管理几十平方米甚至上百平方米的养殖面积。也可以立体生产，具有投入成本低、经济效益高的优点，平均 1.25 千克的麦麸，加上一点青菜就可以养殖 0.5 千克的黄粉虫，一般在 10 米^2 的房间内进行立体养殖，每月可生产出成虫 200~400 千克。饲养黄粉虫不受地区、气候条件限制（即使在−10℃也不会冻死），黄粉虫无臭味，也无其他异味，可以在居室角落里养殖。实践证明，只要掌握正确的饲养方法，其成活率可达 95%。

工厂化养殖黄粉虫也叫规模化养殖黄粉虫，有的也叫立体式养殖黄粉虫，是从量到质的一个飞跃。通过工厂化可以便于实施规范化科学技术管理措施，实现机械化养殖的应用，甚至能做到产供销一条龙服务的产业链，可以大幅度地降低养殖成本，提高经济效益。

一、工厂化养殖需要考虑的问题

想把工厂化养殖做大做强，达到黄粉虫工厂养殖的高效益，首先要考虑和解决以下问题。

1. 饲料的来源要解决

也就是自然饲料与商品饲料的搭配以及标准化的问题，虽然黄粉虫的饲料来源广，但是在规模化养殖时不可能天天喂一些粗枝烂叶，要讲究效益，还是喂养专用的配合饲料更合适。因此这就要求在配制饲料时，配制方法要经济，原材料来源要有保障，饲料成本要低廉。在饲料方面相对简单，只要留心一下身边的原材料，如各种秸秆、各种蔬菜、各种谷糠等，加以科学配制就能达到要求。

2. 高密度养殖的技术保障

要确保提高黄粉虫的养殖密度，能做到高密度养殖，而且还要有与之相适应的用具和技术，并能经济地利用，以达到优质高产。这种养殖技术目前已经有所突破，但还有很大的提升空间，值得在以后的

生产实践和研究工作中重视。

3. 实现快速分离

要着力解决在同一时间内，能将不同虫态同时分离出来的方法，包括能及时将虫粪和食物残渣从饲养盘里清理出来的方法。这是目前黄粉虫养殖的一大难点，也是黄粉虫实现规模化、工厂化养殖的技术关键。

4. 有效的病虫害防治方法

虽然野生的黄粉虫没有什么疾病，但是在人工养殖尤其是规模化养殖的环境下，黄粉虫还是会生病的。无论是生理性疾病，还是传染性疾病，或者是来自鼠、蛇、蛙等天敌的侵害，目前已经有了相应的解决办法，只要在养殖前多学习多请教，就能解决好这些问题。

5. 技术控制要得当

具体的适应规模化养殖的高效养殖技术和环境条件控制技术，尤其是饲养过程中的喂食方法、成虫交配产卵的条件、虫卵孵化的适宜条件、成虫在争食互残中的矛盾等等，在高密度养殖下，这些问题必须要加以解决。

6. 自动化程度的开发

作为规模化养殖，走生产自动化、立体化是以后值得探索的好路子，因此对于黄粉虫养殖的生产流程及自动化装置的设计和合理利用等方面，要加大投入力量和资金。

7. 深加工要能跟得上

对养殖出来的产品要有后续开发的能力，对于规模化养殖来说，产品不能短期销售完毕，因此必须考虑将产品进行贮藏、深层次的加工技术和质量保证等问题。

二、生产场地

在传统养殖方式中，饲养设施简单，常常是因陋就简，规格不一，多种多样，生产场地也是如此，这就给规模化生产统一工艺流程技术参数带来极大的不方便，而黄粉虫的规模化生产正是弥补了这种缺陷，因此在生产场地上首先就要有新的要求。总的来说，规模化生产场地的要能满足以下几个条件。

一是场地选择要经济适用，便于利用各种环境。工厂化规模生产黄粉虫可新砌厂房，也可充分利用闲置空房；既可利用房舍，也可利用塑料大棚采热养殖；既可单独使用，也可以两者进行有机的结合使用，即房舍与大棚联体建设，充分利用自然条件调节温度。总之，以能达到规模化经营生产的目的，又能最大限度地利用现有资源，降低投入成本为主要出发点。

二是管理方便，为了集约化管理和规模化经营，所有的生产厂房和大棚最好相近且连片，形成一定的产量规模，同时也是为了便于管理，便于技术指导和便于产品出售。购入种虫少时暂在居室一角饲养，多时要设专室，一般一间屋能养300盘虫。

三是要通风性能良好，尤其是在夏季必须能满足这个条件，否则会造成大批的黄粉虫死亡，所以养殖场地的选择，要求通风条件好、干燥、无鼠害。

四是具备加温保温的条件，最好能建设成为恒温生产养殖模式。黄粉虫的各虫态对环境温度有着不同的要求，但总体来说，要求并不高，它对环境的适应性很强，因此，要注意夏季散热、冬季保温。饲养房内部要求的温度，冬夏都要保持在20~25℃，相对湿度70%为宜。室内要设温度计与湿度计，虫盘中央也需插温度计测温。夏季气温高时，洒水在地上降温；冬季要保温，以保证黄粉虫正常生长发育的需要。

五是能防治敌害，选择坐北朝南的房屋，门、窗都要装纱窗，也可用质量无需太好的、宽2.5米的塑料布封好，所用房间必须堵塞墙角孔洞、缝隙，粉刷一新，以防成虫逃逸和蜘蛛、蚂蚁、蟑螂、鸟类、壁虎、鼠等天敌危害。

六是室内地面要整洁，地面要做到平整光滑，要搞好养殖卫生，

便于拣起掉在地上的虫子时虫体清洁。

七是建筑结构合理，方便观察和投喂我。饲养黄粉虫的场所最好选择在背风向阳、冬暖夏凉的屋里，光线不宜太强。到了冬季，可以根据屋子的宽度，用整幅的塑料布封顶，这样不会有露水滴落。安装方法：高度可在2.2米，为了不让塑料布顶棚上鼓下陷，可横着每50~80厘米拉一道铁丝，把塑料布上下编好封边，然后固定铁丝、拉紧。

八是场址选择，这一点往往被养殖户忽略，最后造成一定程度的损失。黄粉虫喜欢通风安静场所，惧怕刺激性的气味，所以最好选择远离闹市嘈杂的公路及离化工厂较远的地方作为饲养厂所，农村安静的环境较适宜。

三、饲养设备

规模化养殖黄粉虫所需的器具与其他方式不尽相同，一般需要单独设计的标准饲养盘、饲养架、筛盘、分离筛、产卵盘、温湿度计、孵化箱和羽化箱等。

1. 饲养盘

饲养盘是工厂化养殖中最主要的设备之一，相当于前文箱养技术中的养殖箱一样，但是它的规格更精确，要求饲养器具规格一致，数量更多，这样子就更方便确定工艺流程技术参数和进行生产管理。

各个养殖户可以根据自己的需要来设计饲养盘，最好选择梧桐木板，具有轻便的优点。为了节约成本，也可利用旧木料自行制作木盘，或者采用硬纸制作成纸质养殖盒，但规格必须统一。适用于工厂化规模养殖的标准饲养盘的规格一般有3种。

第一种规格的标准是外径：长62厘米×宽23.6厘米×高3.8厘米，内径：长57.8厘米×宽21.8厘米×高2.9厘米，标准饲养盘平均自身重量为429克。

第二种规格的标准是外径：长60厘米×宽（25~30）厘米×高5厘米。

第三种规格的标准是外径：长80厘米×宽40厘米×高15厘米。

　　一般生产上最常用的规格是 80 厘米×40 厘米×15 厘米，长宽比为 2：1，板厚 1.5 厘米，底部钉纤维板或三合板，如果采用边长为 80 厘米的饲养盘，每张三合板正好可以做 9 个盘底，要注意三合板的光滑面在盒外面。饲养盘内一定要衬进口的油光纸，若没有可用蜡光纸或胶带代替。为让胶带等光滑内侧的东西牢固且不让虫子外逃或咬木，要将胶带贴在盘底部且多留 2 毫米再和底封严，上部用手摸不到即可。当然饲养盘也可以采用铁皮箱、瓷盆、瓦缸和硬纸箱等替代（图 9）。

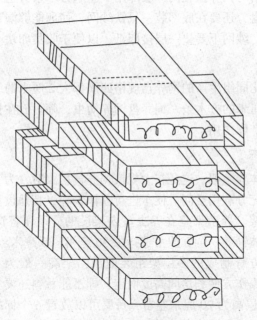

图 9　叠加式饲养盘

　　由于饲养盘的数量比较多，而且一般都是要叠放的，因此对制作饲养盘还是有讲究的。实际上，不论采用哪一种标准饲养盘，均要求标准饲养盘大小一致、坚固耐用、底面平整、整体形状规范、不能有歪歪扭扭或翘或扁的情况存在。饲养盘底部及四周壁均具透风孔，以

利于通风换气，散发虫体集群呼吸的热量。

饲养盘制作好后，还要做一点加工，就是在盘子的内侧特别是养成虫的饲养盘内侧贴上宽的胶带纸或用塑料薄膜纸订好，确保内壁光滑。同时要有纱网作盖，防止黄粉虫的幼虫和成虫不致沿壁爬出或产卵不定位。为了节约成本，也可利用旧木料自行制作木盘，但规格必须与上述要求统一。

2. 养殖筛盘

筛盘规格与饲养盘相同，底部用 1 厘米方木条钉上 12 目铁纱网。养成虫的筛盘，还要在底部装一只铁纱网，使卵能够漏下去，不至于被成虫吃掉。纱网下要垫一层接卵纸，以便于收集卵块。

3. 托盘

托盘用比同组生产的饲养盘规格四周都大 2 厘米的纤维板，四周边钉上约 2 厘米的方木条。饲养盘饲养幼虫，筛盘放在托盘上，供蛹孵化及成虫产卵之用。

4. 饲养架

又叫立体养殖架，这是在大规模饲养黄粉虫时，为了提高生产场地利用率、充分利用空间、便于进行立体饲养，特地设计研制了活动式多层饲养架。养殖架是在养虫室内架设的，以便将饲养盘多层叠起，进行立体饲养。饲养架可选择由 30 毫米×30 毫米×4 毫米木制或三角铁或铁方管制成的多层架组装而成，架高一般为 1.6～2.0 米。具体高度依操作方便和房间高度而定，即不能亏料还要实用，一般分为 6～8 层，层高为 20 厘米左右，每层可以放置 6 个标准饲养盘，每架共计摆放 36～48 个标准饲养盘。每盘间距要看自己的饲养盘的大小而定，注意尺寸和跨距一定要保证饲养盘抽拉自如，这样既节约了空间又不易拉掉盘子。根据经验，通常每隔比饲养盘大 5 厘米即可。

为了实用和降低成本，农村可以根据具体情况，因地制宜，在保证规格统一的前提下，自行设计。

5. 分离筛

分离筛的目的就是起分离作用的一种筛子，是用于分离虫卵、虫体、饵料、幼虫和虫粪的工具，一般分为虫粪分离筛和虫蛹分离筛两类。虫粪分离筛用于分离各龄幼虫和虫粪的，箱底钉上不同目数的筛绢网或铁纱网或尼龙丝，目的是能及时清洁养殖环境并将幼虫和粪便分离开，减少污染。为了适应不同的幼虫分离和虫粪分离的要求，以及其他分离目的，通常要多制备几种网目，一般有 8 目、10 目、12 目、14 目、16 目、20 目、40 目、50 目、60 目、80 目、100 目等，由不锈钢丝网或尼龙网做底制作而成；虫蛹分离筛用于分离老熟幼虫或蛹的，规格通常为 80 厘米×40 厘米×8 厘米，四周用 1 厘米厚的木板制成，再用胶条贴好，由 3~4 毫米孔径的筛网做底制作而成。

6. 产卵筛

产卵盘主要是用于黄粉虫成虫产卵用的，由产卵隔离网筛和生产饲养盘两部分组成。产卵筛和其他筛子制作方法都一样，但产卵筛的尺寸一定要严格，由 40~60 目筛网制作而成。四周不能太大也不能小，其规格比标准饲养盘缩小 1~2 厘米，正好顺利放入饲养盘里就行。封筛网的木条不要太厚，0.8 厘米左右即可。总的来说，为了适应规模化生产的需要，产卵筛的规格上要与饲养盘相统一，便于确定工艺流程技术参数。由 8 目筛网制作而成，利于成虫产卵和节省麦麸，最好要选择铁网，不易损坏，可降低成本。

7. 孵化箱和羽化箱

孵化箱和羽化箱是专门供黄粉虫卵孵化和蛹羽化所用的养殖设备，可有效提高卵的孵化率、蛹的羽化率及发育整齐度。黄粉虫卵和蛹的发育是各生态史期中最长的，也是最没有抵御能力的。为了防止蚂蚁、螨虫、老鼠等天敌的侵袭和黄粉虫成虫及幼虫对它们的残杀，同时也是为了保证其最适温度和湿度需求，人们就设计制作了孵化箱和羽化箱。这两种箱的基本结构是一样的，它们的内部都是由双排多层隔板组成，上下两层之间的距离以标准饲养盘高度的 1.2~1.5 倍为宜。两层之间外侧的横向隔离板相差 10 厘米，便于进行抽放饲养盘的操作。左右两排各排放 5 个标准饲养盘；中间由一根立锥支柱间隔；底层还要预留出一定的空间，用来方便放置和更换水盆，以确保湿度。在规模较大的生产养殖条件下，可以独立建设一个羽化或孵化房间，以达到同样效果。

8. 其他设备

养殖黄粉虫除上述器具外，其他的辅助设备还有一些，主要有温度表、湿度计、不同规格的塑料盆（放置饲料用）、塑料撮子、喷雾器或洒水壶（用于调节饲养房内湿度）、弯镊子、放大镜、小扫帚、旧报纸或白纸（成虫产卵时制作卵卡）等。

四、养殖场分区

黄粉虫的养殖是有一定特殊性的，规模化养殖更有其特别之处，因此为了确保规模养殖的效益，建议根据黄粉虫的各虫态特点以及功用将养殖场进行科学分区，主要分为养殖区、繁殖区、孵化区、饲料区、库管区、周转区、成品加工区等。要注意的是各分区之间要相对独立，设备在互用时，要做好交接和消毒工作，尽可能减少人为污染和病害的交叉感染。

1. 养殖区

这是黄粉虫养殖的关键分区，也是决定产量和效益的最主要区域，当然也是一个养殖场中面积最大的地方，通常应占到整个养殖场的 2/3 左右。说白了，这个分区就是负责黄粉虫孵化好的幼虫养殖以及成虫养殖的地方。这种将主要的产品养殖集中到一个分区里，可以实现流水线作业的目的，非常方便操作、方便管理、方便计划生产，更重要的是可以保证虫体增长速度一致，减少了大小个体不均匀现象的发生，可节约大量的劳动力（图 10）。

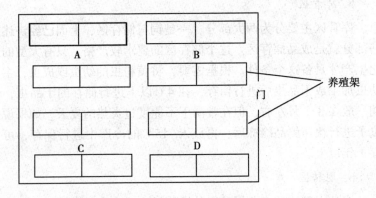

图 10 黄粉虫室内养殖区布局

2. 繁殖区

这是黄粉虫延续后代，决定未来产量的分区，主要功能是完成黄粉虫的成虫交配、化蛹等任务。

3. 孵化区

这是将黄粉虫卵经过筛选和分离后，将干净的卵箱和卵纸集中后进行孵化的分区。

4. 饲料区

主要有两种，一是饲料加工区，包括粉碎机、颗粒饲料机等，由于在加工时会产生震动、噪声和大量粉尘，易对黄粉虫的生长造成一定的影响，所以一般是放在养殖区的最外侧，并与养殖区、孵化区和繁殖区严格分开。二是饲料储藏区，主要是储存加工好的饲料或者是临时储存一些麦麸、菜叶等天然饲料。根据生产的需要，饲料是必须储存一定时间的，但不宜太久，一般夏季以 40 天内为宜，冬季以 70 天内为宜。如果存放过久，会发生饲料霉变，导致损失。饲料区要注意防老鼠、螨虫、壁虎、蚂蚁及其他害虫，所以要在干燥、密闭的地方。

5. 库管区

库管区主要分为两大部分，一是饲料储存区，上面已经讲述，另一部分就是成品储存区。这个储存区的要求较严格，只有大型的规模化生产才具备这个条件。根据需要，将黄粉虫的幼虫或成虫，主要是幼虫加工成干品虫后进行留存，在4℃以下进行储存的干品虫，保质期一般在8个月左右，但在常温下不能度过炎热的夏天。如果说是将虫子进行快速鲜品冷冻后，再放入-15℃的冷库中进行保存，可以保存1年以上。

6. 周转区

有的大型养殖企业周转区的功能较多，有产品周转区、虫粪周转区、饲料周转区等，这里主要讲的是虫粪周转区。由于黄粉虫的虫粪具有很好的肥料作用，而且市场价格不菲，因此许多企业都是将饲料进行简单加工和处理后进行出售，这就需要一个储存虫粪的地方，也就是虫粪周转区的主要作用。任何一种动物的粪便都是最后的排泄物，含有大量的杂菌和酶类，如果处理或储存方法不当，会对黄粉虫的养殖造成污染，为了防止对黄粉虫的养殖造成打击，建议将虫粪周转区远离养殖中心区。

7. 成品加工区

这是提高黄粉虫附加值的分区，也是大型企业获取高额利润的分区，就是将黄粉虫的成品进行粗加工或深加工的地方。一般来说，现阶段大多数养殖企业力所能及的加工项目主要是对黄粉虫进行清洗、除杂、烘干、超低温冷冻等程序。至于提炼虫油、虫蛋白、壳聚糖及保健品等深加工，那不是一般养殖场所能做的了。

五、黄粉虫的养殖

1. 黄粉虫的饲养环境

规模化养殖黄粉虫，对它的饲养环境也有一定的讲究，总体来说要在温暖、通风、干燥、避光、清洁、无化学污染的条件下进行。

2. 种虫

购入优良种虫十分重要，最好向有养殖经验的单位购买，不但种虫好、繁殖率高，而且可以学到很好的养虫技术与经验。

3. 适宜密度

根据生产经验，在规模化生产时，采取以下的参考密度是比较适宜的。具体的密度还要与养殖者的技术把握程度、环境条件的优劣、饲料的供应等条件密切相关。

（1）成虫饲养密度每平方米在5 000~8 000只。

（2）幼虫饲养密度每平方米在2万只左右（约5千克）。

（3）蛹身体娇嫩，以单层平摊无重叠挤压为宜。

（4）种虫饲养密度每平方米在2 000~3 000条为宜。

（5）夏季高温饲养密度要小一些，冬季密度可稍大一些。

4. 饲料

主要以麦麸、蔬菜为饲料，蔬菜主要有白菜、萝卜、甘蓝、土豆、瓜类、野菜。麦麸可以用少量粗玉米面、米糠代替。这里介绍一则配方，以麦麸70%、糠皮19%、玉米面6%、饼粉5%。每100千克混合料再加入多种维生素6克，微量元素100克喂虫更好。由于营养全面，黄粉虫繁殖快而健壮。一般每3千克麦麸、6千克蔬菜可养出1千克黄粉虫，每千克黄粉虫的饲料成本4~6元，如青菜全是自己种植成本还能降低。

5. 对温度的要求

黄粉虫是变温动物，其生长活动、生命周期与外界温度、湿度密切相关。黄粉虫对环境温度、湿度的适应范围很宽，但只有在最佳生长发育和繁殖的温湿度条件下才能繁殖多、生长快。黄粉虫的成虫繁殖适宜温度20~30℃，卵为15~25℃，幼虫及蛹以25~30℃为宜。在适宜范围内，温度降低则延迟孵化、发育，因此夏季要注意通风降温，冬季低温要防寒加温。

黄粉虫在养殖过程中，根据不同的环境采取相应措施来控制温度的方法主要有：一是根据不同的饲养环境，采取不同的措施，例如在室内养殖的，可以用煤炉、电炉、空调加热，在大棚里养殖的可以利用火道、暖风加热；二是冬季越冬的生产间，可用塑料布严封四周墙壁和窗孔，应该集中、缩小养殖空间，减少热量的散失；三是在大房间中间隔成面积较小的房间，便于加温并降低增温成本。

6. 对湿度的要求

黄粉虫有耐干旱的习性，但正常的生理活动没有水分是不能进行的，黄粉虫对湿度的适用范围也很广，成虫卵最适宜湿度55%~75%，幼虫蛹最适宜湿度65%~75%，高出85%黄粉虫易生病甚至死亡。研究表明，一般当虫体含水量接近适宜时，低湿大气能够抑制新陈代谢而延期发育，高湿大气却能加速其发育。

养殖环境的湿度对黄粉虫养殖还是有影响的，这种影响体现在以下几点。一是当环境湿度低于50%时，可能会导致部分已经怀卵的雌黄粉虫不能正常产卵；二是即使已经产下的卵，在卵内已完成发育的幼虫也可能不会继续孵化发育；三是当环境湿度较低时，一些在蛹壳内已形成的成虫不能顺利羽化；四是一些已羽化的成虫不能正常展翅；五是会影响黄粉虫生长和蜕皮，尤其是黄粉虫在蜕皮时要从背部开裂蜕裂线，许多幼虫和蛹的蜕裂线因干燥不能正常开裂，因而导致无法蜕皮，使其不能正常生长，逐渐衰老死亡。也有的因不能完全从老皮中蜕出而呈残疾状态，失去商品意义。这主要是因为湿度偏低使虫体水分消耗较多，在虫体内不能形成足够的液压，而对黄粉虫的产卵、孵化、脱皮、羽化和展翅等产生不利的影响。

而当环境湿度过高时，饲料与虫粪混在一起易发生霉变，使虫体得病。

而蛹期虽然不吃不动，但它仍然在呼吸，故仍需置于通风干燥、保湿的环境中，不能封闭和过湿，以免蛹腐烂成黄黑色。若在南方炎热夏季致使蛹皮容易干枯，要适当翻动，喷一点水雾滴，以保持蛹皮湿润。黄粉虫从外界获得的水分方式有3种。一是从食物中取得水分，因此必须经常投以瓜皮、果皮、蔬菜叶之类，通常饲料中含水量保持在 15%～18% 为宜，若空气湿度过大，大于 85%，加之粪便污染，易使虫体患病。二是从空气的湿度中通过表皮以吸收水分。若在南方炎热季度要在饲养盒中喷少许水滴，以造成湿润小气候。三是黄粉虫从体内物质中转化而获得水分。

温度和湿度超出这个范围，黄粉虫的各态死亡率较高。夏季气温高，水分易蒸发，可在地面上洒水，降低温度，增加湿度。梅雨季节，湿度过大，饲料易发霉，应开窗通风。

7. 控制环境湿度

研究表明，黄粉虫对湿度的适应范围较宽，最适相对湿度成虫为 50%～70%、卵和蛹为 65%～75%，幼虫 50%～65%。为了确保黄粉虫的养殖取得成功，必须控制最佳的环境湿度，通常可以从下面两点入手。

一是对周围环境采取加湿的方法：这是针对黄粉虫养殖环境里的空气偏干燥时的处理方法。环境加湿可根据养殖水平、当时的湿度情况和经济能力而采取不同的方法。一是如果条件允许可采用加湿器增加环境湿度，这是一种可调控的半智能的加湿方法，可将环境湿度设定在范围之内；二是如果经济条件不允许或是在农村资源比较丰富的地方，可以采用地面洒水、喷水等简易的方法增加环境湿度；三是可以考虑在养殖房内多放置几盆清水，水里放几尾金鱼，利用金鱼的搅动来添加空气湿度；四是在养殖房内设置开放式的观赏鱼水族箱，利用水族箱的自动加湿功能来达到养鱼控湿一体化的效果；五是在养殖房内多摆几盆鲜花，平时勤浇水。

二是对周围环境采取排湿的方法：环境降湿一般在 6—9 月，这段时间既包括黄梅季节，也包括夏天多雨季节，当环境湿度大于 85% 时，就应采取降湿措施。排湿的方法也有几种：一种是最简单的方法，就是通过加强养殖空间的通风换气速度和频率来吸收水气，从而达到降低环境湿度的效果；二是如果直接通风有困难，可采用排风扇、换气扇、电风扇等进行强排换气；三是可采用干燥剂降低环境湿度，即在养殖环境置放一定量的干燥剂（可重复利用），吸附潮气而降低空气湿度，但应注意及时对干燥剂进行干燥更换处理。

8. 对光线的要求

黄粉虫生性怕光、好动，而且昼夜都在活动，说明不需要阳光，甚至雌性成虫在光线较暗之处比在强光下产卵要多。

9. 及时调整密度

黄粉虫是群居性昆虫，它的饲养密度也是在不断地调整中。如果种群密度过小，虽然虫体的取食和活动空间变得大一点，生病的机会也少一点，但是将会直接影响养殖产量和效益，主要是表现在产量太低；但是密度如果太大了，对养殖也极为不利，主要表现在夏季气温高时，加上密度过大时，虫体相互挤压摩擦而产生大量的热能，导致局部温度升高而死亡，还有一个原因就是密度过大时，虫体间的相互残杀概率会大大增加，导致黄粉虫的死亡率也大大增加。所以随着黄粉虫的生长发育，密度也要做不断的调整，刚开始养殖时密度要大一点，随后就要适当降低密度，尤其是在那些室温高、湿度大的地方更要降低密度。所以在养殖过程中，通常是采取不断分箱的方法来达到调整密度的目的。

10. 饲养管理

黄粉虫在0℃以上可以安全越冬，10℃以上可以活动吃食，在长江以南一带一年四季均可养殖，在特别干燥的情况下，黄粉虫尤其是成虫有相互残食的习性。黄粉虫幼虫和成虫昼夜均能活动，但以黑夜较为活跃。

饲养前，首先要在饲养箱内放入经纱网筛选过的细麸皮和其他饲料，再将黄粉虫幼虫放入，幼虫密度以布满容器或最多不超过2~3厘米厚为宜。最后上面盖上菜叶，让虫子生活在麸皮菜叶之间，任其自由采食。虫料比例是虫子1千克、麸皮1千克、菜叶1千克。当然，刚孵化后的幼虫要精养，以多投玉米面、麸皮为主，随着个体的生长，增加饲料的多样性。每隔1周左右，换上新鲜饲料并及时添补麸面、米糠、饼粉、玉米面、胡萝卜片、青菜叶等饲料，也可添加适量鱼粉。每5天左右清理一次粪便。幼虫要经常蜕皮，每蜕皮一次就长大一点，当幼虫长到20毫米时，便可用来投喂动物。一般幼虫继续生长到体长30毫米、体粗达到8毫米，最大个体体长33毫米、体粗85毫米时，颜色由黄褐色变淡，且食量减少，这是老熟幼虫的后期阶段，会很快进入化蛹阶段。初蛹呈银白色，逐渐变成淡黄褐色。初蛹应及时从幼虫中拣出来集中管理，蛹期要调整好温度与湿度，以免发生霉变。

黄粉虫的卵经数天后就可以孵化成幼虫，幼虫再经连续多次蜕皮后就化为蛹。蛹本身睡在饲料堆里，有时自行活动，蛹再蜕皮羽化成为成虫（蛾）。将要羽化成成虫时，不时地左右旋转，几分钟或几十分钟便可蜕掉蛹衣羽化成为成虫。在饲养的过程中，卵的孵化以及幼虫、蛹、成虫要分开饲养。当大龄幼虫停止吃食时，要拣出来放于另一器具里，使其产卵，经1~2个月的养殖，便进入产卵旺期，此时接卵纸要勤于更换，每5~7天换1次，每次将更换收集的卵粒分别放在孵化盒中集体孵化。经7~10天便可孵化成幼虫，孵出的幼虫再分出放在饲养盒中饲养，这样周而复始，循环繁衍，只要室温保持在15~32℃，一年四季均可繁殖。

第七节　种草养殖黄粉虫

一、适宜养殖黄粉虫的草类

黄粉虫的食性很杂，各种草类包括野草都可以作为它的好饲料。在进行大规模养殖黄粉虫时，可以采用种植一些营养价值高、生长力强、产量高的草类来作为黄粉虫的主要新鲜饲料，然后再搭配一些含蛋白质高一点的其他饲料，就可以大大减少黄粉虫的养殖成本。而养殖黄粉虫的沙粪则是牧草最好的肥料，两者相辅相成，既减轻了环境污染，又满足了黄粉虫的饲料需求，生产实践证明这是一项值得推广的黄粉虫养殖模式。

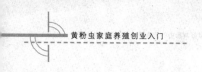

1. 豆科牧草的特点

豆科牧草所含营养物质丰富而全面。干物质中粗蛋白质占15%~20%，各种必需氨基酸、蛋白质生物学价值高，非常适合黄粉虫的饲料要求。其次含有钙、磷、胡萝卜素、B族维生素以及维生素C、维生素E、维生素K等。适期利用的豆科牧草粗纤维含量低、柔嫩多汁、适口性好、易消化。但豆科牧草中的蛋白质含量随其生长期的不同而变化很大。在幼嫩期，蛋白质含量较高，而在现蕾后蛋白质含量明显降低，其茎的木质化速度比禾本科牧草出现较早而快，特别是出现籽实后的豆科牧草，其茎秆的适口性和利用率降低。因此，豆科牧草必须注意选择适宜的刈割时期。豆科牧草的叶片中营养丰富，但干燥后易脱落损失掉，一般制成草粉使用最好。

2. 禾本科牧草的特点

禾本科牧草富含无氮浸出物，在干物质中粗蛋白的含量为10%~15%。禾本科牧草的营养价值虽不及豆科牧草，但其适口性好，没有不良气味，黄粉虫很喜食。禾本科牧草的优点在于容易调制干草和保存。另外，禾本科牧草的耐践踏力和再生能力强，适于放牧和多次刈割利用。

3. 青绿多汁饲料的特点

青绿多汁饲料包括青绿饲料和多汁饲料两大类。青绿饲料如青草、水生青草、蔬菜和人工栽培的牧草等。多汁饲料如块根、块茎和瓜类等。青绿饲料营养成分全面，蛋白品质较好，富含各种维生素，钙和磷的含量亦较高，适口性好、消化率较高、来源广、成本低。

青饲料的不同种类和生长期对营养成分有较大影响。幼嫩时期的青饲料含有较多的水分，胡萝卜素与某些B族维生素的含量较高，干物质中粗蛋白质含量较丰富而粗纤维较少，具有较高的消化率。随着青饲料的生长，水分含量减少，粗纤维增加，适口性变差，故应尽量以幼嫩的青饲料喂养黄粉虫，特别是在炎热的夏季，这些多汁的青绿饲料是黄粉虫生长发育必不可少的好食物。

4. 适合养殖黄粉虫的草

适于养虫的牧草品种很多，根据一些养殖场所做的试验以及一些学者的研究，表明适口性好、产草量高的有紫花苜蓿、黑麦草、苏丹草、三叶草、紫花苜蓿、苦荬菜等。

黑麦草：黑麦草营养丰富，茎叶多，幼嫩多汁。开花期鲜草干物质含量为 19.2%，生长快，再生能力强，产量高，当年播种（9—10月），可当年利用。生育及利用季节为 11 月至来年 6 月下旬。耐刈割，一般年刈割 3~5 次，每亩（1 亩 ≈ 667 米^2）可产鲜草 3 000~4 000 千克。

紫花苜蓿：为多年生豆科草本，适应性广，品质好，号称牧草之王。喜温暖半干旱气候，抗寒性强，较耐旱，高温不利于生长。一年四季可播种，每年可刈割 2~5 次。粗蛋白含量达 15% 以上，是其他牧草品种无法比拟的。鲜草产量可达 5 000 千克以上。紫花苜蓿质地柔软、味道清香，富含粗蛋白、维生素和矿物质，且蛋白质的氨基酸组成比较齐全，动物必需氨基酸含量较高，适口性好，既可青饲鲜喂，也可调制成草粉，代替或部分代替精料，供冬季和早春时投喂给黄粉虫。

菊苣：多年生菊科，适应性强，抗旱、抗寒，耐盐碱，病害极少；喜肥沃土壤，但不适宜种在排水不良的土壤中。营养期较长，生长速度快，再生能力强，耐刈割。气温及水肥条件好的情况下，20天可刈割 1 次，年可刈割 5~8 次，亩鲜草产量 8 000~12 000 千克。由于菊苣草质柔嫩，蛋白质含量高，适口性好，适合用青绿饲料来饲喂黄粉虫等动物。

青贮玉米：鲜嫩多汁，适口性好。生长快，产量高，生育期短。饲喂时间长，一年四季均可饲喂。播种量每亩 4.0~4.5 千克。

苦荬菜：又称八月老，菊科，营养价值高、适口性极好，整株有白色乳浆，叶片多，鲜嫩多汁。鲜叶蛋白质含量为 3.14%，干品蛋白质为 26.25%，是一种生长快、再生能力强、产量高，亩产可达 5 000~7 500 千克的青绿多汁饲料，最适宜切碎或打浆，拌糠粉、麸皮来喂饲黄粉虫。

籽粒苋：营养价值高，蛋白质、脂肪、赖氨酸的含量比玉米和小麦高出2~3倍。吸肥吸水能力强，生长快、产量高、再生能力强，植株高可达3米以上，全年可收割3~4次，亩产鲜茎叶5 000~10 000千克，亩产籽实150~250千克，粉碎后可作为黄粉虫的优质精饲料原料。

白三叶：多年生草本，优质牧草，主、侧根发达，匍匐茎平卧地面，节节生根，耐荫、耐牧性好，适宜在肥水充足较凉爽的气候条件下栽培，返青早，枯死晚，青饲利用期最长，营养丰富，适宜于多种食草动物利用。白三叶播种量单播为每亩0.5千克。亩产鲜草5 000~6 000千克。叶量丰富，草质柔嫩，茎匍匐，不断形成新的株丛，是最好的放牧型草，通常可以割下来直接以鲜草投喂给黄粉虫。

红三叶：多年生草本，喜温暖湿润气候，每年刈割3~4次，亩产鲜草3 000~4 000千克。红三叶营养丰富，蛋白质含量高，草质柔软，适口性好，另外也可晒制干草、青贮等。

无芒雀麦：适应性广，生命力强，是一种适口性强，饲用价值高的多年生根茎型牧草。无芒雀麦每年可刈割3~5次，东北一年只能割2次。一般鲜草产量为30~45吨/公顷。粗蛋白含量在干物质中可达18%~20%，并含有较多氨基酸。

箭舌豌豆：豆科一年生草本，是良好的牧草和绿肥作物，产量高，品质好，黄粉虫也喜食。一般亩产鲜草2 000~3 000千克，粗蛋白含量16%，籽实粗蛋白含量25%以上。一般10月播种，条播，播量3千克/亩。

杂交狼尾草：是象草与美洲狼尾草配制的禾本科狼尾草属种间杂交种，具有明显的杂种优势。优质高产，分蘖再生性强，可多次刈割，无病虫害。黄粉虫和牛、羊、鱼等食草动物喜食，既可鲜喂，又可青贮。亩产1万~1.5万千克，适宜于长江流域及其地区种植，是该地区产量最高的夏季牧草。

苏丹草：禾本科一年生牧草，分蘖能力强，再生性好，适宜于黄粉虫、鱼、牛、羊等多种食草动物食用。该牧草播种出苗后，发育较快，供草期6—10月。鲜草产量4 000~5 000千克/亩。在高温、高湿条件下，叶部病害比较严重。但栽培比较粗放。

叶松香草：菊科，多年生草本，亩产7 000~8 000千克鲜草，抗寒、抗病，早春返青早。既可打浆拌种麸皮，也可青饲黄粉虫。

二、饲草的种植

由于适合黄粉虫的饲草种类较多，其种植方法虽然大同小异，但也有区别之处，故本书不能一一将它们的种植技术详细介绍，这里仅以黑麦草的种植技术来简要说明。

1. 黑麦草整地与施肥

黑麦草喜温和湿润气候、肥沃土壤，也适宜黏土壤和红土壤，土壤最适宜pH值为6~7。黑麦草种子小，幼苗纤细，顶土力弱，黑麦草种植地要求墒面平整无大土块，因此要对种植地进行深翻松耙，粉碎土块，整平地面，蓄水保墒，使土壤上虚下实，为黑麦草种子出苗创造良好的土壤条件。结合翻耕，视土壤肥力情况施足底肥。一般播种前每亩施有机肥料1 000~1 500千克，如无圈肥等有机肥，可亩施钙镁磷肥或复合化肥25~30千克作基肥，施肥后翻耕整地做墒。

2. 黑麦草播种期

黑麦草种子发芽适期温度13℃以上，幼苗在10℃以上就能较好地生长。因此，黑麦草的播种期较长，既可秋播，又能春播。秋播收割利用次数较多，总产量高；春播可延长收割利用期，且草质鲜嫩，但总产较低。黑麦草秋播一般在9月上旬至11月中、下旬均可，主要看前茬作物。春播在2月上旬。

3. 黑麦草播种

黑麦草可单播，可混播。播种方式为条播或散播，但为管理方便，以条播为好。条播行距，种子田宜宽35~40厘米，收草田宜窄20~30厘米。播撒时落粒要均匀，覆土要深浅一致，以免影响出苗。

与白三叶、红三叶混播时，其混播比例视草地利用目的而异，放牧为主的草地多年生黑麦草占50%～60%。割草为主的草地多年生黑麦草占60%～70%为宜。播种深度2～3厘米。如播种期内少雨或土壤较干燥，可先用清水浸种2～4小时，以利出苗和提高成苗率，施少量氮肥，能够加速再生，提高产量。

4. 黑麦草播种量

在一定面积范围内，播种量少，个体发育较好。但合理密植，能够充分发挥黑麦草的个体群体生产潜力，才能提高单位面积产量。每亩播种量1～1.5千克最适宜，生产上具体的播种量应根据播种期、土壤条件、种子质量、成苗率、栽种目的等而定。一般秋播留种田块，每亩要有35万～40万的基本苗，需播1千克左右。作饲草用，并需要提高前期产量时，可多播一些，每亩2.5～3千克。

5. 黑麦草田间管理

黑麦草播种后出苗前遇雨，土壤表层形成板结层，要注意及时破除板结层，以利出苗，保全苗。黑麦草幼苗期要及时除草，并注意防治地老虎和蝼蛄虫害。由于根系发达，分蘖多，再生快，黑麦草每次刈割后要及时追施氮肥，每亩5～10千克。若为酸性土壤，可增施磷肥每亩10～15千克。

6. 黑麦草增施肥料

黑麦草系禾本科作物，无固氮作用。因此，增施氮肥是充分发挥黑麦草生产潜力的关键措施，特别是作饲料用时，黑麦草每次割青后都需要追施氮肥，一般尿素5千克/亩，从而延长饲用期限。随着氮肥施用量的增加，鲜草总产量增加，日产草量也增加，草质也明显提高，质嫩，粗蛋白多，适口性好。某种程度上讲，黑麦草鲜草生产不怕肥料多，肥料愈多，生产愈繁茂，愈能多次反复收割。要求每亩黑麦草田施25～30千克过磷酸钙作基肥。留种田一般不施氮肥为宜，若苗生长特别差，应适当补施一点氮肥。

三、黄粉虫的养殖

用种草来养殖黄粉虫，一般都是规模较大的饲养，因此都是用饲养房来进行高产高效养殖，具体的饲养房的建设见前文。

黄粉虫的喂养，主要饲料来源就是种植的饲草，在喂饲草的同时可以添加部分麦麸及配合饲料，具体的饲草投喂随后讲述。

四、黑麦草收割与投喂

1. 鲜草收割与投喂

黑麦草再生能力强，可以反复收割，因此，当黑麦草作为饲料时，就应该适时收割。黑麦草收割次数的多少，主要受播种期、生育期间气温、施肥水平的影响。秋播的黑麦草生长良好，可以多次收割。另外，施肥水平高，黑麦草生长快，可以提前收割，同时增加收割次数；相反，肥力差，黑麦草生长也差，不能在短时间内达到一定的生物量，也就无法收割利用。适时收割，也就是当黑麦草长到25厘米以上时就收割，若植株太矮，鲜草产量不高，收割作业也困难。每次收割时留茬高度约5厘米，以利黑麦草残茬的再生。

将收割好的黑麦草直接放在饲养盘上，让黄粉虫爬到草丛中自己啃食鲜嫩的草叶和草茎。

2. 老草的喂养

一时吃不完的鲜草不要浪费，可以打成草浆，作为原料做成配合饲料，也可以用草浆混合麦麸进行投喂。

如果饲草长得太快太多的话，无法及时收割，可让部分黑麦草老一点再收割，把这些老草晒干脱去水分，进行青贮处理后再在冬季用来喂养黄粉虫。

第三章　做好黄粉虫的养殖管理是创业入门的保障

第一节　不同虫期的管理技术

一、卵的管理

黄粉虫卵的管理相对比较简单，虫卵肉眼一般看不清，当卵群集时，成团状散于饲料中。卵期管理主要包括卵的收集、卵的孵化、卵的管理等工作。

1. 卵的收集

在饲养盘底部附衬一张稍薄的白纸，上铺 2 厘米厚饲料，每饲养盘中投放 2 000 只（雌：雄=1：1）成虫，雄虫个体细长，雌虫个体胖大，尾部尖细，产卵器下垂，能伸出甲壳外。成虫产卵期约 5 个月，在产卵盛期每天能产卵 20~50 粒，一生产卵 2 000~3 000 粒。雌虫会将卵均匀产于产卵纸上，每张纸上可产 5 000~15 000 粒卵，两天取出一次，即制作成接卵纸。

2. 卵的孵化

卵期长短与温度及湿度有很大关系，卵孵化最适温度为 21~27℃、湿度为 50%~70%、麸皮湿度 10%~15%。将每次收集的接卵纸连同饲料放置于饲养盘中，挂牌标记后将饲养盘堆叠起来，上面覆盖 1 厘米厚麸皮，为了保持通风，一般将饲养盘按 90°角层叠。然后将饲养盘置于孵化箱中，7~15 天能孵化出幼虫，温度降低则延迟孵化，温度低于 15℃时卵很少孵化。

3. 卵的日常管理

黄粉虫的卵期不需要特别的管理，由于温度降低会延长孵化期，因此在温度过低时要适当加温，温度高时可在地面洒水增湿降温。干燥时，还可在孵面盖上一层菜叶，室内挂上湿布，切不可卵面喷水。湿度大时要通风，地面撒石灰或草木灰。

二、蛹期的管理

黄粉虫的蛹期工作也很重要，在这个阶段它虽然不吃不动，但它们的体内却仍然进行着各种新陈代谢和器官的发育变化，对外界的条件变得十分敏感，是黄粉虫养殖的危险阶段，稍有不适，会造成羽化不畅。为了保证顺利完成它的羽化过程，就要认真做好蛹期的管理工作，这期间的管理主要包括蛹的及时收集、蛹的科学分离和蛹的正确孵化等方面。

1. 蛹的收集

当幼虫经过 80 天左右的饲养后变成老熟幼虫，它们就爬到饲料表层蜕皮化蛹。化蛹前注意多喂青料，以利于化蛹及以后蛹的羽化。老熟幼虫在化蛹期间，如果在盒内发现有活跃幼虫时，要注意随时拣出，以避免活跃幼虫将蛹咬伤，同时要在平时就应注意区分不同阶段的老熟幼虫。老熟幼虫体态发黄，虫节明显，而活跃幼虫体态发亮、发红、手感光滑。把即将化蛹的老熟幼虫单独放在另一个盒内，待化蛹的幼虫薄薄平铺于盒内，以便于化蛹时翻身。由于刚羽化的蛹全身洁白、鲜嫩，身体柔软，无防御能力，是黄粉虫生命力最弱的时期，常在饲料的表面，不吃不喝不动，极易被其他的黄粉虫幼虫作为饵料而残食，因此在化蛹期间的一项重要任务就是每天要把刚羽化的蛹挑出。一旦羽化好的蛹如果不及时挑出，就会容易被幼虫咬食死亡。此外，那些死蛹也要及时挑出，以防腐烂霉变而影响整个养殖环境。轻轻挑出的蛹放入另一铺报纸的筛盘中或蛹盒中，最好每 2 天羽化的蛹

放入一盘，使其同步羽化成虫。

2. 蛹的保湿处理

在羽化期间，从表面上来看，蛹是不吃不动的，但是蛹的内部却发生着剧烈的生理反应，伴随着新陈代谢的进行，黄粉虫需要消耗体内水分。为了确保黄粉虫生理反应的正常进行，因此必须保证满足黄粉虫的湿度需求。另外，生产实践表明，除了夏季多雨季节外，蛹死亡的原因多为干枯病所致。因此，一定要做好蛹的保湿工作。因此，平时除了将蛹置于湿润的环境外，还可采取以下 3 种保湿方法。

一是及时喷水保湿。如果饲养室内湿度太低，空气显得比较干燥，可以将蛹适当翻动，然后用浇花的喷水壶喷水，要求喷洒出来的水呈雾状水滴，以保持蛹皮湿润，降低枯死病。另外喷洒时不要将喷水口直接对着蛹喷射，而是将喷口向上喷射出雾状水滴。喷水次数不限，可以一天喷水多次。

二是盖布保湿。就是将薄薄的棉布在洁净的水中浸湿后，再轻轻地拧干，然后盖在虫蛹上能有效地保湿。一般是一天检查一次棉布，只要发现棉布干了就要立即进行更换。实践证明这是一个简便有效的保湿方法，能显著减少虫蛹枯死。采取这种方法的注意事项是布不要太厚，水分一定要拧干，否则会因不透气导致蛹窒息死亡。

三是采用加湿器或用带有加湿功能的水族箱。这种方法虽然成本高，但是效果很好，可以根据需要的湿度进行自动调节，自动喷射雾状水滴，不需要天天来测试湿度。

3. 蛹的孵化

由于工厂化规模生产要求自卵纸取放之日起尽量保持时间的一致，所以各虫态发育进度基本一致，化蛹也比较一致。在蛹盒里先撒上一层新鲜的麸皮，以不盖过蛹体为度，再放蛹，并覆盖适量菜叶，将其置于羽化箱中，以待羽化。密度也不能过大，最好单层摊放。这是因为蛹皮薄易损，在盒中放置时不可太厚，以平铺 1~2 层为宜，若太厚或堆积成堆就会引起窒息死亡。

蛹的孵化期就是指从其化蛹到蛹期羽化所经历的时间。黄粉虫蛹期对温、湿度要求严格，温湿度不合适，会造成蛹期的过长或过短，增加蛹期感染疾病、增加死亡率的可能性。此期应注意温度不要超过30℃，否则容易致死。此期所需温度 25～30℃，湿度为65%～75%，麸皮要干燥。蛹在羽化时若空气或饲料湿度过大时，蛹的背裂线不易开口，成虫会死在蛹壳内；空气太干燥，也会造成成虫蜕壳困难、畸形或体能代谢消耗水分而逐渐枯死。蛹期为 3～10 天，一般在 7 天后蛹就可以羽化为成虫，取出继续培育成虫来产卵，中间可隔 2～3 天检查一次。要注意的是，在整个羽化过程中不要轻易翻动或挤压蛹体，以免造成虫体损伤。

4. 蛹的分离

蛹期是黄粉虫的危险期，也是黄粉虫生命力最虚弱的时期，因为一方面它的身体娇嫩，另一方面处于蛹期的黄粉虫基本上是不吃不动，遇到危险也不可能主动躲避，因此缺乏保护自己的能力，很容易被幼虫或成虫咬伤。只要蛹的身体被咬开一个极小的伤口，就会死亡或羽化出畸形成虫，不能产卵。因此，绝对不能将蛹与成虫或幼虫混养在一起。将蛹与成虫或幼虫分离出来进行单独养殖，这种过程就叫蛹的分离。

蛹的分离可分为两种情况，一种情况是先羽化的成虫和蛹的分离，另一种情况则是尚未化蛹的幼虫和刚刚化好的蛹之间的分离。

5. 成虫和蛹的分离

在同一批蛹中，因羽化时间先后不一致，先羽化的成虫会咬食未羽化的蛹，要尽快进行蛹虫分离。目前分离方法主要有以下几种。

（1）**手工挑拣** 就是利用手工的原始方法将刚刚羽化的成虫拣出，这种方法的优点是直观、简单、易行，能将虫、蛹的受伤程度降到最低。缺点是费时费工，只适宜分离少量的蛹，还会因蛹太小，人在挑拣时稍微用力，就会将蛹捏伤而死。只有经验丰富、手感好的养殖人员才可避免出现此弊端。在育种阶段或对原有品种的提纯复壮上，仍然用手工挑拣。

（2）食物引诱　利用虫动蛹不动的特点，在饲养箱中放一些含水量较大的菜叶如菠菜叶、青菜叶，在刚刚出现羽化的成虫时，将挑选好的菜叶放在饲养箱内，覆盖在虫子上面，成虫便会迅速爬到菜叶上取食，此时把菜叶取出即可分离。经过几次这样的操作，就可以取得满意的效果。

（3）黑布集虫　用一块浸湿的黑布盖在成虫与蛹上面，待几个小时后成虫大部分爬到黑布上，取出黑布即可分离。

（4）报纸诱集　它的原理和黑布诱集差不多，但是更方便，取材更简单了。通常是在化蛹第5天后，每天早晚将盖蛹的报纸轻轻揭起，将爬到报纸上的成虫轻轻转移到另一饲养箱中进行专门饲养，其余的继续让它们羽化，如此3~4天的操作，可以收集90%左右的羽化成虫。

（5）虫粪分离　若是蛹较多时，则利用黄粉虫怕光及虫动蛹不动特性，把虫子与蛹同时放入摊有较厚虫粪的木盒内，在饲养盒上用强灯光（或阳光）照射，黄粉虫受到光线的刺激后，出于本能的保护性反应，虫子会迅速钻入虫粪中，表面则留下已化蛹的或将要化蛹的老熟幼虫。此时能方便地将蛹收集到一起，然后用扫帚或毛刷将蛹轻扫入簸箕中即可分离。此法亦可用于死虫及活虫的分离。

（6）明暗分离　这种分离法的原理和虫粪分离的原理是相同的，都是利用黄粉虫喜暗避光的特性，将活动的幼虫与不动的蛹放在阳光下，用报纸覆盖住半边虫盒，虫子马上会爬向暗处而分离。

（7）网筛筛蛹　这是针对饲养规模较大时的情况，当养殖规模达到一定程度时，数量巨大的幼虫会在较短的时间内纷纷化蛹，这时采取以上任何一种方法都难以操作，因此可以用网筛筛蛹的方法来达到分离虫蛹的目的。在化蛹高峰期，每天用10目或5目筛筛取3~5次蛹，集中筛取，集中放置。因幼虫身体细长，蛹身体胖宽，在筛网中轻微摇晃下，虫子就会漏出而分离。

6. 尚未化蛹的幼虫和刚刚化好的蛹之间的分离

在这一分离的过程中，一定要掌握"清虫不清蛹与清蛹不清虫"相互结合进行。前期发现有老熟幼虫变蛹时，要即时拣蛹，当后期有65%的老熟幼虫化蛹时，经过 10 目筛分筛后，要注重拣虫。一经发现有活跃幼虫在盒内，要即时挑出，将筛分过后的老熟幼虫放在养殖架的上部。

三、幼虫期的管理

1. 将幼虫进行分期

养殖黄粉虫的主要目的是获得具有商品意义的幼虫，幼虫是黄粉虫养殖最具市场价值的一个虫期，当然也是黄粉虫整个饲养周期中的管理重点。在这一时期的管理工作主要有温度、湿度的及时调节、放养密度的调整、科学投喂饲料、及时清除虫粪、清理死虫等工作，这些管理活动工作量的大小与饲养规模密切相关，所以在饲养规模较大的工厂化养殖中必须有专人负责。

为了方便饲养管理人为地将幼虫的体长和发育时期划分为 3 个阶段。

低龄幼虫：又称为小幼虫或 0~1 月龄幼虫，一般是指发育时期在 30 天以内、体长在 1 厘米以下的幼虫。这些幼虫最娇嫩，是花费管理者心血最多的时期。

中龄幼虫：又称中幼虫或青幼虫或 1~2 月龄幼虫，是指发育时期在 30~60 天、体长在 1~2 厘米的幼虫。这些幼虫也很娇嫩，也要精心管理。

大龄幼虫：又称大幼虫或 2~4 月龄幼虫，是指发育时期在 60 天以上、体长在 2 厘米以上的幼虫。

老熟幼虫：也是大龄幼虫阶段的一个部分，是指化蛹前那些幼虫。这些幼虫很快就要进入蛹期，管理工作也不容忽视。值得注意的是，这些阶段的划分是人为的，在幼虫的生长阶段是不可能分得如此

清晰的，因此在日常管理中一定要灵活掌握，根据具体情况而采取相应的管理措施。

2. 管理要点

由于对黄粉虫的大部分利用阶段是在幼虫期，因此在幼虫的养殖过程中，掌握好养殖技术和管理措施十分重要，直接关系到幼虫生长的速度、虫体的质量、产生的经济效益等问题。由于本书在后面的内容中重点分别讲述幼虫期不同阶段的管理，这里只是简要地介绍一下整个幼虫期日常管理中需要注意的有关要点。

一是要注意分别饲养，不要将所有的黄粉虫放在一起养殖，而应该将它们按照年龄大小合理分开饲养。做到基本同龄的幼虫应在一起饲养，这样做的目的主要是为了便于饲喂、管理和销售，尽可能减少因为不同年龄生长而导致的差异性过大甚至造成有的化蛹有的则未化蛹，从而相互残杀导致养殖失败。另外同样大小的幼虫在一起饲养，也有利于对养殖出来的产品在销售时进行评级。在分开饲养后，要天天检查，在投食上，更需要分开喂养。对于那些处于旺盛时的幼虫需要补充营养，而那些老熟幼虫则不需要。刚孵化的小幼虫需要精饲料，而作为商品虫的中幼虫则可投喂较粗的饲料。幼虫每蜕一次皮，就要及时更换饲料，及时筛粪，添加新饲料，同时要注意对一些生长过快和个体过于孱弱的幼虫，都要及时挑选出来。

二是注意独养，就是根据情况对个别的幼虫进行特别的关照，单独饲养。这种情况除了那些生病的幼虫外，主要是即将化蛹的幼虫或蛹需要独养。当幼虫生长到 5 龄以后，有的就要开始变蛹，应将蛹及时从饲养箱中拣出，防止被其他幼虫咬伤。

三是注意放养时的厚度。尤其是在夏季，饲养箱中幼虫的厚度不能超过 3 厘米，以免发热造成死亡。最适宜的厚度就是在饲养箱中摊上一层薄薄的虫体就可以了。

四是注意清洁卫生。在幼虫的养殖过程中，饲养箱是主要的养殖器具，应经常保持清洁，主要是做好两方面的工作，一是及时清除死去的幼虫，二是除去幼虫的蜕皮和粪便。

清理的方法是：在准备清理的前 3 天不要向饲养箱内投放饲料，尽量让其将原来的饲料吃净，再用菜叶将幼虫引诱到洁净的饲养箱中。最后再用不同规格的筛子将剩余的幼虫和虫粪分离并清理出来。

五是注意防病。幼虫体是黄粉虫比较活跃的时期，也是疾病发生率最高的时期，因此一定要注意加强管理，尽可能地减少疾病发生的途径和概率。另外在不同的时间，防病的重点也有所侧重。例如夏天高温多雨季节，此时空气潮湿，养殖房内的湿度可能受到影响，会有不同程度的增加，这时重点要注意防治螨虫与黑腐病；到了冬季燃煤升温养殖时，由于空气干燥，养殖房内的湿度低，此时重点要注意防治干枯病。在投喂青饲料时要筛净虫粪，预防发生黑头病。

六是注意平时的管理。加强对黄粉虫养殖的平时管理，随着不同季节气温的变化，管理方法也要采取不同的管理措施。例如天气温度高时，正是幼虫生长旺盛的时候，这时一定要有充足的水分供应，在投喂饵料时可以考虑多喂含水分多的青饲料，同时要注意通风降温。冬季需要减少喂青饲料，要防寒保温。

七是商品黄粉虫主要是指大龄幼虫和蛹，其鲜虫可分为活体和冷冻保鲜虫。储运冷冻鲜虫则需建有冷藏库，远距离运输则使用专用的冷藏运输车。

3. 温度、湿度控制

黄粉虫的幼虫体比较娇嫩，在日常管理上也马虎不得，总体而言，幼虫期对温度的要求在 24~29℃ 最好，但不同的阶段又略有不同，基本上是幼虫越大，对温度的适应能力越强，比刚孵化出的幼虫所需要的温度也高一点。湿度要求在 80% 左右即可。

4. 密度控制

虽然黄粉虫为群居性昆虫，但是由于幼虫有大吃小与强吃弱互相残食的特性，所以既不能大小混养，也不能将太多的幼虫集中在一起喂养。为避免幼虫发生互残现象，平时一定要保持充足饲料和适宜密度。黄粉虫的密度控制是有讲究的，密度过大，不但会造成局部温度

过高，而且易导致虫体间的相互残杀，但是密度过小，也不利于幼虫的活动和取食，影响养殖产量和效益，所以控制幼虫的合理密度是非常重要的，也是养殖过程中需要经常关注的一项主要工作。

一般情况下，幼虫愈大相对密度应小一些。低龄幼虫的密度可适当大一点，以 5~6.5 千克/米² 的饲养密度比较合适；中龄幼虫密度可适当降低一点，以 4.5~5.5 千克/米² 的饲养密度比较合适；高龄幼虫密度还要低，以 3.5~4.5 千克/米² 的饲养密度比较合适。这些密度仅仅是一项参考数据，具体的密度还需各位养殖户自己在生产实践中灵活掌握，及时调整。另外就是相同日龄的幼虫，在不同的饲养条件下，密度也不尽相同，例如在室温高、湿度大时，密度就要小一点。

这里有一个经验数据可供参考：1~2 龄黄粉虫幼虫 0.5 千克约有 30 万条，3 龄虫约有 15 万条，4 龄虫约有 6 万条，5 龄虫约有 3 万条，6 龄虫约有 1 万条，7 龄虫约有 8 000 条，8 龄虫约有 4 800 条。

5. 科学投喂饲料

一是饲料的原料丰富：幼虫的饲料广泛而杂，有一个显著的特点就是较耐粗饲。黄粉虫的幼虫喜吃麦麸、米糠、豆粕、玉米皮等粮食类的下脚料，还能吃各种杂食，如弃掉的瓜皮、果皮、蔬菜叶、树叶、野草等。另外一些畜牧、水产养殖用的饲草如苏丹草、黑麦草等也是幼虫的良好饲料。

二是饲料的加工处理：由于幼虫非常喜欢摄食青绿饲料，因此一些农村中易得的青绿饲料以及一些植物的根茎都可以成为幼虫的好饲料。从提高养殖效益的角度出发，可以将不同的青绿饲料和其他的原料进行合理的配合，然后加工成幼虫的专用饲料。饲料在加工时，可先将各种饲料及添加剂混合并搅拌均匀，然后加入 10% 的清水（复合维生素可加入水中搅匀），拌匀后再晾干备用。对于淀粉含量较多的饲料，可先用 65% 的开水将其烫拌后再与其他饲料拌匀，晾干后备用，但维生素一定不能用开水烫。饲料加工后含水量一般不能超过 18%，以防发霉变质。

三是对发霉及生虫饲料的处理再利用：对于已经发霉及生虫的饲料也不要扔弃，经过处理后就能投喂。处理方法有阳光处理、高温处理与低温处理 3 种方法。阳光处理是及时晾晒。高温处理是放置于烘箱及烤炉中，50~60℃的温度，经过 30 分钟烘烤至干燥就能使用了。低温处理是将生有害虫的饲料用塑料袋密封后，放入冰箱中在-10℃以下冷冻 3~5 个小时，将害虫杀死后再晾干就能使用了。

四是及时投喂：给幼虫投喂营养丰富的饲料，并给予大量青饲料，喂养青饲料要根据气温而定。

6. 低龄幼虫的管理

由卵刚孵化出的幼虫，为黄白色，体长约 2 毫米，它们先啃食部分卵壳，然后就取食饲养箱中的饲料，这时的饲料基本上都是以麸皮为主。由于低龄幼虫发育较慢，身体小，体重增长慢，食量不大，耗料也少，所以原虫箱中的部分饲料就足可以满足早期幼虫的需要了，因此有不少养殖户总是纳闷，开始仅见幼虫在麦麸蠕动中，而不见饲料的减少，总是担心是不是幼虫不吃了，是不是生病了？这个问题值得注意。不能掉以轻心，因为小幼虫耗料虽少，但孵出后即应供给饲料，否则小幼虫会啃食卵和刚孵出的幼虫。

一是做好保温增湿工作：如果是采用采卵板或接卵纸时，当幼虫刚孵化后就要及时撤去产卵板或接卵纸，将纸上的麦麸等饲料和小幼虫一起抖入专用的饲养箱中。为了确保它的生长发育所需的条件，有时还要进行加温、增湿。升温可采取加大密度方法。增湿是定时（每天 6~8 次）向饲养箱洒水，但量要小，不能出现明水。在饲料中加大水分也能增湿。

二是做好蜕皮管理：幼虫管理还有一个重要的工作就是蜕皮的管理，当幼虫长到 4~5 毫米时，可见到一些幼虫的体色渐渐变为淡黄色，这时可适当停食 1~2 天后，幼虫可进行第一次集体蜕皮，可见麦麸上有一层褐色虫皮，以后每隔 6 天左右蜕皮一次。1 个多月内经 5 次蜕皮后，逐渐长大成为中幼虫，体长 0.6~2 厘米，体重为 0.03~0.06 克。

三是及时分养：从总体来看，第一次蜕皮比较整齐，因此比较好管理，以后慢慢地就会变得参差不齐了，导致每天都会有部分幼虫蜕皮。由于刚蜕皮的幼虫身体娇嫩，抵御能力较弱，常常成为同胞们残杀的对象，因此管理工作一定要跟上，包括及时分养措施也要跟上。

四是科学投喂：当幼虫达二龄时，就可以开始投喂青菜等青绿饲料了，数量由少到多，以少有剩余为好，同时要每天观察一次精饲料的残留量。该期间饲养管理较简单，主要是控制料温至24~30℃，最适料温为27~32℃，空气相对湿度为60%~70%。经常在麦麸表皮撒布少量碎菜片，也可在麦麸表面适量均匀喷雾，将厚约1厘米表层麦麸拌匀，使其含水量达17%左右。当幼虫达三龄后，每次喂麦麸厚度不超过5厘米，过厚不透气，过少增加喂料次数。加入少量青绿饲料，例如每1~2天喂一次青菜。青菜要切成1厘米左右的碎块，每盘每次撒2~3把，每次以不剩或少剩为原则。

五是做好虫粪分离：当幼虫发育到15天左右时，可见饲养箱中有一些微球形虫粪时，这时可用分离筛进行粪、虫分离。虫粪呈暗灰色粉末状，沉于盘底，这时推荐用80目筛来筛除虫粪，同时要称取幼虫体重。如果密度较大就要适当分箱，同时按幼虫总体重的20%来添加新的精饲料。以后每隔1周再重复一次上述工作，只是筛子的网目变为60目，及时除去虫皮及吃剩的萎蔫的菜类，其他的工作照旧。

六是预防死虫：在室温不高时，小幼虫出现死亡主要是因养虫箱内小幼虫数量太多，因虫子运动常使料温高于室内空气温度。有的养殖户不了解这一点，当室温在32℃时，料温却超过35℃，造成小幼虫环境温度过高而抑制生长发育，甚至造成大批幼虫死亡。因此，温度控制必须以料温为准，防止小幼虫出现高温致死现象。

7. 中龄幼虫的管理

生长日期在45天左右的中龄幼虫是黄粉虫一生中生长发育较快的一个时期，日投喂量和日消耗饲料较多，排出的虫粪也比较多，因此日常管理的次数也要相应增多。

一是加强投喂管理：每天在晚上检查前一天的精料残留量，并及时补充新的精料，每天投料量最好以晚上箱内料吃光为度。早上和晚上各投喂一次麦麸、叶菜类青绿饲料，投喂量为中幼虫体重的 10% 左右，并捡去前一天多余的青饲料。未成龄幼虫要多喂青菜，对蛹和成虫的生长发育有利。前期以精料为主，青料为辅；后期以青料为主，精料为辅。在幼虫蜕皮时，少喂或不喂饲料，蜕皮后随着虫体长大而增加饲喂量。也可把精料用水拌成小团，切成小块放在网筛上让其自由摄食。夏季气温高，幼虫生长较快，蜕皮多，要多喂青料，供给充足的水分，可喂些菜叶、瓜果等。气温高时多喂，气温低时少喂。有的老龄幼虫在化蛹期以后，食欲表现较差，可加喂鱼粉，以促进化蛹一致。具体的投喂量也要视虫子的健康和温度、湿度条件等灵活掌握。

二是做好粪沙筛除工作：通常每 6 天左右除去虫粪，在刚进入中龄幼虫饲养时，用 60 目或 50 目筛来筛除虫粪，同时要称取幼虫体重，两次以后就要用 40 目的筛子来分离。在清理粪便前半天不喂饲料。

三是环境控制：平时在饲养管理上应做到对养殖环境进行必要的控制，以满足黄粉虫生长发育的要求。虫群内温度控制在 24~33℃，空气湿度为 55%~75%，饲养室内黑暗或有散弱光照即可。

四是及时分箱饲养：中幼虫长成大幼虫后，要及时进行分开饲养。一种情况是养殖密度较大时，要分箱饲养；另一种情况是因为黄粉虫的生长速度不同而造成大小不一时，就要适当分箱饲养。

经过 1 个月左右的饲养，中龄幼虫经第 5~8 次蜕皮，到 2 月龄时成为大幼虫，体长可达 1~2 厘米，体重比 1 个月时可增加 1.2 倍左右，重 0.07~0.15 克。

8. 大龄幼虫的饲养管理

生长日期在 60 天以上的大龄幼虫是黄粉虫一生中生长发育最快的一个时期，日投喂量和日消耗饲料最多，生长发育的速度最快，每天排出的虫粪也最多，因此日常管理的次数也要相应增加。

一是投喂充足的饲料：根据生产实践表明，大龄幼虫每天消耗饲料的总重可占自身体重的 20%~25%，日增重 3%~5%。其中菜叶等青绿饲料和麦麸等精饲料几乎是各占一半，因此，在大规模饲养大幼虫期间，应该大量供应麦麸及叶菜类，必须每天投喂 2~3 次青绿饲料，基本上根据大幼虫实际摄食量，采取早晚投足，中午补充。饲料厚度宜在 1.5 厘米左右，一般不得厚于 2 厘米，做到当日投料，当日吃完。随着幼虫的不断长大，喂菜量应不断增加，尤其是后期，要以喂菜为主，即使没有麦麸也不能没菜。每天补充一次精饲料，每 3 天左右要清理、筛除一次虫粪，这时宜用 30 目或 20 目的筛子来筛选，筛粪的同时用风扇吹去虫蜕，并及时分箱。当幼虫化蛹时多投青料，有利于化蛹及蛹后的羽化。有些老龄幼虫在化蛹盛期后，食欲较差，此时可加喂些鱼粉，以促进化蛹一致。

二是做好分箱工作：由于大龄幼虫的集群性更强，特别喜欢群集堆聚在一起，因此要加强观察。如果虫子堆积的厚度超过 3 厘米时，要及时做好分箱饲养工作。

三是做好环境控制：控制料温在 24~33℃，空气湿度 55%~75%；预防大幼虫发生农药或煤气中毒；防止大幼虫外逃或天敌入箱为害。

四是做好虫蛹的保护工作：对于留种的幼虫要继续强化培育至蛹，以确保它的营养储备丰富，为下一步的产卵提供尽可能多的能量。当出现部分老熟幼虫逐渐变蛹时，应及时挑出留种，避免幼虫啃食蛹体。

五是及时使用：大龄幼虫的饲养主要有两大作用，一种是及时采收作饲料原料，另一种就是繁殖后代。当蜕皮第 13~15 次后即成为老熟幼虫，当老熟幼虫虫体的体重达到 0.15~0.25 克/条，体长达到 2.5~3.0 厘米时，摄食渐少。这时的老熟幼虫是用于商品虫的最佳时期，当然也是作为鲜活的动物性饵料最佳采收期，同时也是用来作为加工虫菜、虫罐头等最佳的原料，这时可用 20 目或 10 目筛来筛选。

9. 蜕皮管理

黄粉虫的幼虫同幼蝎子、河蟹、虾类等甲壳动物一样，也有蜕皮特性，而且它们的生长发育是经蜕皮进行的，不经过蜕皮这一生死关头，就不可能生长，无论是体长还是体重都是经蜕皮后完成的。正常情况下，幼虫约 1 周蜕 1 次皮。在温、湿度适宜且没有外来侵袭的情况下，幼虫蜕皮相当顺利，很少有死亡现象。但是一旦温度、湿度失衡或受到敌害侵袭、或受到同胞的咬噬或受到病害的入侵等情况时，它们的死亡率会大大升高。因此在幼虫的养殖过程中，对幼虫蜕皮前和蜕皮后的 8 小时内管理要相当严格，不可掉以轻心。我们一般人为界定刚孵出的幼虫为 1 龄虫，蜕第 1 次皮后变为 2 龄幼虫，以后依此类推。

幼虫在集中蜕皮时不要投喂太多的饲料，当管理人员能看见大量的虫蜕后，可以开始投喂精饲料和青饲料如白菜、瓜果。此时，不要用切碎的菜，因为是用菜来调节养殖箱内的湿度，所以要以菜心和菜叶为宜。

10. 其他的管理注意事项

（1）防止敌害 蟑螂、蚂蚁、老鼠等天敌，会与黄粉虫争食饲料，尤其是老鼠危害更大，会咬死、吞食虫体，特别是幼虫更是易受伤害。因此，饲养室内要保持清洁卫生，杜绝老鼠、蟑螂、蚂蚁等。

（2）防止毒害 饲养室内严禁堆放化肥、农药等有异味、刺激性的物品，更不能让虫体直接接触，也不能在室内喷洒农药来杀灭天敌。

（3）保持温度、湿度 饲养室内要保持正常的温度与湿度，不能忽高忽低，否则会影响黄粉虫各态的生长速度，甚至死亡，因此既要保持室内通风干燥，防止潮湿，又要保证室内适宜温度为 18~22℃。夏季水温高，水分蒸发快，可在地面上洒水降低温度，增加湿度，但是在夏季要严禁在饲料中积水或于饲料盘中看到水珠；梅雨季节湿度过大，饲料易霉变，应及时开窗通风；冬季天气寒冷，应及时

关闭门窗，在室内加设煤球炉或电炉来控制室温。

（4）防止堆积　饲养盆笼器具中的幼虫厚度以不超过 3 厘米为宜，不能过多堆积。养殖期间要经常翻动幼虫，以利于散热，防止因局部过热而造成虫体死亡。

（5）清除死虫　要及时清除死去的蛹和成虫，以免腐烂变质，滋生细菌，同时也不要投喂发霉变质的饲料及带水的瓜果皮、菜叶，以免危害虫体。

四、成虫期的管理

成虫是黄粉虫整个世代交替中的最后阶段，在生理上有真正意义的死亡，此期管理极为重要。饲养成虫的目的不是为了收获成虫作为动物活饵料或进行深加工所用，而是尽量延长其生命和产卵期，为了繁殖后代，提高产卵量，保证养殖种群的扩大，提高下一阶段的养殖产量，同时有的有心养殖户还利用这一机会来选育优质的黄粉虫新品种或提纯复壮原有的品种。因此成虫期的管理工作虽然不如其他时期重要，但也不宜忽视，管理重点是如何保持成虫具有旺盛的生命力、强大的繁殖力、获得最多的产卵量、获得最高的孵化率等问题。

一般成虫寿命为 90~160 天，产卵期 60~100 天。每天能产卵1~10 粒，一生产卵 60~480 粒，有时多达 800 粒甚至 1 000 多粒。产卵量的多少与饲料配方及管理方法有关。

1. 养殖密度

在每个产卵箱中养殖的成虫数量基本上是一定的，繁殖组成虫密度一般在 10 000~20 000 头/米^2，其最佳密度为 12 000~16 000 头/米^{2}的密度放养。密度过大时成虫会相互争空间、争食饵、相互挤压，甚至相互残杀，从而引起繁殖能力下降；如果密度过小时，由于可供繁殖的成虫数量少，难以在一定时间内保证充足的产卵量，从而不能保证培育出的幼虫保持发育一致。然而这个密度仅仅是个参考值，可根据生产实际情况和养殖者的技术情况具体掌握。

2. 避免混养

在虫态管理上，由于黄粉虫的成虫和幼虫形态不一样，活动方式也不一样，对饲料要求也不一致，因此一定不要混养，以免干扰其产卵，影响产量。尤其是成虫不要与蛹混放在一起，以免成虫食蛹，造成经济损失。

3. 温度的控制

饲养成虫的场所最好选择在背风向阳、冬暖夏凉的屋里，光线不宜太强，保持温暖，最适宜温度为 25~33℃。在日常管理中要尽可能地创造这些条件，做到冬季加温、夏季降温的工作。

4. 湿度的控制

成虫所需的适宜湿度为 60%~75%，饲料湿度 10%~15%，因此当空气干燥时，可通过向养殖环境中喷洒少量水珠的方法来增加湿度，湿度过大时，可通过通风的方法来降低湿度。

5. 科学投喂饲料

在饲料配方上，要给予蛋白质含量较高的配方，且要经营变换饲料品种，做到营养全面，提高产卵量。在饲料投喂量上，一般至少每天投喂 1 次，5~7 天换一次饲料。在成虫进入饲养箱前，要将饲养箱预先铺放一层 1 厘米左右厚的麦麸饲料，也可在饲养箱内放上一层新鲜的菜叶或豆科植物的叶片既可以保持饲养箱内相对的湿度，又可以为成虫提供补充的植物性饲料。在进入饲养箱后，每天早晚要投放适量配合饲料，如上次投喂的饲料没有吃完，也不必立即清理出去，适当补加一部分精饲料即可。另外还要适量添加一部分青绿饲料，投喂量以到下一次刚好吃完为度。要注意的一点是投放的青绿饲料不能过度增加，因为青绿饲料的水分较多，容易腐烂发酵并能发出过多的热能，导致成虫饲养箱内局部温度升高。在清理前一次未吃完的青绿饲料时要注意仔细查看，由于经过一天的摆放，青绿饲料会发生干燥、卷缩甚至萎蔫，里面有时会含有成虫刚产的卵，这时要将这些卵集中放养在产卵箱中进行孵化。

6. 定期收集接卵纸

在产卵箱的下面放一层干燥的硬质纸板，再在上面放一张柔软的报纸作为接卵纸，每天可以收集一次集卵纸。两天内收集的接卵纸可以视为同一批产的卵，可以放在一起进行孵化。把这些产卵报纸抖落一饲养盘中，保持卵块向下的态势，再写上日期摞在饲养室孵化。每次取卵后要适当地给成虫添加青料和精料，及时清理废料或蛹皮，换下的料中可能有卵料，不要马上倒除，集中放好。

7. 定期淘汰

在时间管理上，在产卵筛上要标注成虫入筛日期，以掌握其产卵时间和寿命的长短，对成虫进行定期淘汰。蛹羽化为成虫后的 1 个月左右是产卵高峰期，2 个月内为产卵盛期。2 个多月后，成虫由产卵盛期逐渐衰老死亡，剩余的雌虫产卵量也显著下降。3 个月后，成虫完全失去产卵能力，不论其是否死亡，均应全部淘汰，以免浪费饲料、人工和占用养殖用具。

8. 防止逃逸

成虫是黄粉虫 4 个世代中活动量最大、爬行最快的虫期，在这一时段的防逃工作极为重要。为了防止成虫外逃，一定要保持卵筛内壁的光滑无缝，使成虫没有逃跑的机会。通常简便的方法就是在产卵盒内壁粘贴一层 3 厘米宽的透明胶带，要注意粘贴平整不褶皱。

9. 疾病预防

在疾病预防上，要预防成虫出现干枯病或软腐病。

10. 其他的注意事项

在饲养时还要注意以下几点。第一是成虫和幼虫因对饲料要求不一致，而且成虫容易吞食幼虫尤其是正在蜕皮的幼虫，所以不要混养。第二是投放的饲料营养要全面，最好合理配制人工饲料，为将来的产卵积累能量。第三就是饲料投喂要遵循"量少勤投"的原则，每天喂 2~3 次。第四就是成虫在繁殖期内，因种种原因会死亡一部分。对于那些因患病而死亡的成虫，要及时清除，防止变质传染疾病；而对于那些自然死亡的成虫，因一般不会腐烂变质，所以不必挑出，让其他活成虫啃食而相互淘汰，这样不仅可以弥补活成虫的营养，也节省了大量人工。第五就是定时更换接卵纸，一般每天换1次。

第二节　黄粉虫的四季管理

一、春天的管理

春天的管理应分为两个阶段，第一个阶段是早春，此时气温不稳定，而且还比较寒冷，主要工作是做好加温保温工作。第二个阶段是暮春，此时无论温度还是湿度是非常有利于黄粉虫的生长发育的，此时应加强对黄粉虫各态的管理，争取多生产，多提高产量和效益。另外暮春，在南方雨多湿度大，虫子死亡率高，此时要加强防范，主要靠多通风来降低湿度。

二、夏天的管理

夏季高温，虫子也会出现死亡，这是黄粉虫养殖的致命季节，但只要掌握好了技术，也能轻松度过。所以初养户没有经验时，一定要按照供种单位的饲养技术或向相关专业人士请教去饲养。

这一时期的主要工作还是做好幼虫期的管理，还要做好防止各种敌害的侵袭。在养殖过程中的关键管理技术就是做好降温防暑工作，具体措施主要有一是做好通风工作，二是做好遮阴工作，三是及时在地面洒水降温。

三、秋天的管理

秋天也是黄粉虫的生长高峰期，此时秋高气爽，非常适合黄粉虫的生长发育。在这一阶段的主要工作也是做好各期的养殖管理工作，

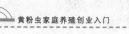

力争多生产，尤其是加强成虫的产卵和孵化工作。

四、冬天的管理

冬季的主要工作是做好升温、保温、保湿工作，主要措施可以通过以下几点来完成。

必须做好房屋的密封：冬季天气较冷，而且风大，房屋的密封非常重要。一般可采取钉塑料布的方法，有条件的也可打草帘用于封窗。门口必须用棉帘遮挡，防止人员出入频繁带走热气。

加强取暖工作：取暖设施可用煤炉、烧暖气或开空调来统一供热，在保证温度时，要按照成虫、蛹房温度高一些，幼虫温度低一些的要求进行。昼夜温度都应保持在15℃以上。饲料要保持一定温度：当天饲喂的饲料、菜叶应提前放到室内让其温度与室内温度接近，避免虫子食用过凉饲料，防止生病和低温造成虫体温度下降，影响正常生长。有条件的可适当增加玉米粉的投喂比例，增加热量。

第四章 种养结合,充分利用黄粉虫创业

前文所讲述的一些养殖方法都是单独养殖黄粉虫的，基本上是以商品虫的形态直接供应市场。据了解，现在有相当一部分养殖户，养殖黄粉虫是看中它本身作为动物性饲料蛋白源的优势，因而在养殖时把它作为整个养殖系统中的一部分，采取动物和植物相结合、动物与动物相呼应的立体养殖方式，我们也称之为应用型养殖模式。本书就重点介绍几种立体养殖的模式及技术关键。

第一节 黄粉虫是很好的饲料来源

一、黄粉虫作为饲料的优势

黄粉虫的幼虫含蛋白质 48%~50%，干燥幼虫含蛋白质 70%以上，蛹含蛋白质 55%~57%，成虫含蛋白质 60%~64%，脂肪 28%~30%，碳水化合物 3%，还含有磷、钾、铁、钠、镁、钙等常量元素和多种微量元素、维生素、酶类物质及动物生长必需的 16 种氨基酸。黄粉虫的营养成分很高，根据对黄粉虫幼虫干的分析，每100 克干品中，含氨基酸 847.91 毫克，其中赖氨酸 5.72%，蛋氨酸 0.53%，这些营养成分居各类饲料之首。因此国内外许多著名动物园都用其作为养殖名贵珍禽、水产的饲料之一。另外幼虫干燥后可以代替高质量的鱼粉，不但能够替代进口优质鱼粉、肉骨粉作蛋白质饲料，而且是特种养殖的鲜活饲料，进行特种养殖的主体饲料。

二、适合用黄粉虫作为活体饵料的经济动物

黄粉虫是珍禽、观赏动物和其他经济动物饲喂的传统活体饲料，尤其是近年来研究开发利用较多，比较成功的有，利用黄粉虫养蝎、养蜈蚣、养蜘蛛、养壁虎、养麻雀、养捕食性甲虫如拟步甲等、养蛤蚧、饲喂雏鸡、喂养鹌鹑、养乌鸡、养斗鸡、养虫子鸡、养鸭、养鹅、养龟、养蛇、养蛙、养鸟、养黄鳝、养鳖、养热带鱼和金鱼等经济动物，均已取得较好的经济效益。

例如用黄粉虫作饲料来喂养蛋鸡，能够加快它们的生长发育和提高繁殖率以及抗病能力。根据试验表明，用黄粉虫来喂养雏鸡，它的生长发育快，成活率达95%以上，用来喂养产蛋鸡，它的产蛋率能提高，而且还可以增强雏鸡的抗病能力。近年来，也有用黄粉虫为活体饵料，结合生态农牧经济模式的建设，生产生态鸡、虫子鸡、虫蛋等，发展绿色禽蛋产业。

根据有关资料表明，我国部分水产研究所利用黄粉虫进行幼鱼苗培育，取得了显著的经济效益，幼鱼不仅生长快，成活率高，而且成本低，鱼群极易驯化，体色光亮，饵料系数低；利用黄粉虫饲养美国青蛙、鲤鱼等也取得了成功。由于黄粉虫体表有一层坚硬并带光泽的物质——几丁质，对鱼鳞的色泽和光亮度有明显的促进作用，同时发现利用黄粉虫喂鱼具有生长速度快、饲料系数低、水质污染轻的作用。

第二节 龟、菜、蚓、蟾、虫立体养殖创业

龟、菜、蚓、蟾、虫立体养殖就是在菜园中巧养蚯蚓、乌龟和蟾蜍，在菜园用大棚或养殖房内养殖黄粉虫，充分利用菜地用于浇水的小型池塘，实现了5个动植物品种同地同时生长。

一、养殖原理

在菜地里实现这个立体养殖模式，由于经常性的浇水，导致菜地很湿润，加上高大蔬菜的遮阴作用，为蚯蚓、乌龟、黄粉虫和蟾蜍等动物创造了适宜的栖息、捕食和生存环境。蚯蚓为蔬菜疏松土壤，产出大量的蚯蚓粪成为蔬菜的优质肥料，为蔬菜节省了化肥。生产出来的蔬菜可以上市卖钱，而那些采割下的菜叶和杂草既可供蚯蚓食用，更是喂养黄粉虫的良好饲料。这时在菜地中间建小型龟池，需要换水时，用换出的水浇菜，龟爬出水池到菜叶下活动，捕食蚯蚓、黄粉虫、蔬菜害虫和菜叶，菜园不用喷农药灭虫。夜间在菜园中安装日光灯，诱引飞蛾等虫子让龟、蟾蜍捕食，把产在龟池中的蟾蜍卵捞出于孵化池孵化，成蟾下入龟池时，含有龟粪尿的池水可为蟾蜍祛热疗疾，池水中的蟾酥又为龟类消毒防病；金头龟、平胸龟还主动捕食进入菜园中的老鼠、蛇和小鸟，有利于其他龟种的幼龟、幼蟾、蚯蚓和黄粉虫的安全。夏秋季节，在菜园中设一简易脱衣棚，实现了菜园养蟾蜍、棚内捡拾蟾衣。试验表明，在这种立体养殖下，龟的增重率比单一池养高 13%，还多收 3 000 千克蔬菜，实现了省地、省水、省料、省工且增产的目的。

二、黄粉虫养殖房的准备

在这种模式的养殖中，黄粉虫的养殖房也可以采取两种形式，一种形式是直接在菜园地里建立大棚，实行大棚养殖黄粉虫。由于黄粉虫对湿度有一定要求，因此在选择棚址时一定要避开低洼易积水的地面，为了防止雨季雨水倒灌入大棚内，应在大棚外沿着棚基开挖一条有效的排出雨水的沟涵。在夏季，如果温度过高时，白天可以在大棚顶部加盖黑色的遮阳网来降温，也可以用草帘铺在棚顶，然后在顶部浇水或用水冲洗大棚来达到降温的目的。而在冬季则是为了加温保温，此时可在白天掀开草帘，让大棚接受光照，而在晚上则覆盖上草帘来保温。具体的大棚建设可参考前文。

另一种形式就是另外再建立一个饲养房,既可以直接利用家里的空闲房,也可以在菜园边新砌一个养殖房,将这些房屋进行彻底的打扫并用漂白粉或新洁尔灭等药物进行杀菌消毒,同时一定要注意清理鼠洞,把门窗安装好,确保养殖房宽敞、通风良好,能防止小鸟飞入、老鼠侵入等。室内光线要暗,保持黑暗,防止太阳照射。对于养殖乌龟和蟾蜍所用的黄粉虫来说,可以用 1~2 间的养殖房就可以了,每间房能养 300 多个木箱。

三、做好防逃设施

由于乌龟的爬行能力和逃跑能力都很强,因此养殖池的防逃设施不可不建。防逃设施有多种,最常用的是安插高 45 厘米的硬质钙塑板作为防逃板,埋入田埂泥土中约 15 厘米,每隔 100 厘米处用一木桩固定。注意四角应做成弧形,防止龟沿夹角攀爬外逃。

四、苗种放养

龟的放养时间宜在 4 月份,龟种的规格以每只 100 克左右为宜,放养密度为 5~8 只/米²。放养前,苗种用 2% 的盐水浸泡 5 分钟消毒。龟种质量要保证,即放养的龟要求体质健壮、无病、无伤、无寄生虫附着,最好达到一定规格,确保能按时长到上市规格的优质龟种。蟾蜍在 4 月也可以投放,规格在每只 10 克左右,放养密度为 20 只/米²,蚯蚓则在春夏秋季都可以放养。在养殖场所准备好了后就可以放养黄粉虫,参考密度为 3~4 千克/米²。

五、投饵管理

不需要专门投喂饵料,龟和蟾蜍以蚯蚓、黄粉虫、蔬菜害虫为食,有些菜叶也可以被龟取食,另外可以人工诱些虫子供龟、蟾蜍吃。如果养殖龟的密度比较大,可以投喂一些其他饵料来补充,如专用养龟料、鱼、螺、蚌、猪肝等。

养殖黄粉虫的饲料来源比较广泛,主要是菜园里的各种菜叶为主，另外可配制少量的麦麸等饲料。投喂时可直接在虫子上面盖上菜叶，让虫子爬到菜叶上自由采食。刚孵化后的幼虫可以多投喂玉米面、麸皮，随着个体的生长，则以菜园里的菜叶为主。

六、调节水质

对于水质的调控主要是在夏季，水质要保持清新，时常注入新水，使水质保持高溶氧。前期水温较低时，水宜浅，水深可保持在50厘米，使水温快速提高，促进乌龟和蟾蜍的生长。在高温季节，可以在池子里放养一些水葫芦、芜萍、水花生等，在浇菜后要及时补充水。如果气温达到31℃以上时，应及时在池子上方盖上遮阳网，保证乌龟和蟾蜍能顺利度夏。

七、黄粉虫喂养乌龟的技巧

采用这种模式养殖的黄粉虫来喂养乌龟是有一定技巧的。如果是用大棚养殖的黄粉虫，可以在晚上直接打开塑料薄膜30厘米高，让乌龟自行摄食就可以了。如果是在养殖房里养殖的，那就要另行投喂，投喂时既可以在水中投喂，也可以在陆地上投喂。从养殖实践来看，还是建议养殖户采取在陆地上投喂为好，这里有两个因素，一是黄粉虫在水中存活的时间不长，如果没有被龟很快捕食，黄粉虫将全被水溺死而沉于水底；二是当把黄粉虫撒在陆地上时，黄粉虫会蠕动，更能激起乌龟的捕食欲望。如果时间充足而且讲究情趣的话，喂食时可以用镊子夹着喂，这样喂食，龟能跟人亲近，不怕人。

八、黄粉虫喂养蟾蜍的技巧

如果是用大棚养殖的黄粉虫，可以在晚上直接打开塑料薄膜30厘米高，让蟾蜍自行摄食。

如果是在养殖房里养殖，那就要另行投喂。用黄粉虫喂养蟾蜍时，和喂龟是一样的，既可以在水中投喂，也可以在陆地上投喂。由于蟾蜍是近视眼，它对静态食物的感知能力较差，对活动的饲料比较敏感，因此在投喂时，要让黄粉虫动起来。当把黄粉虫刚投入到水中时，虫子遇水后会不断地蠕动身体，同时会拨动虫子周边的水，这时蟾蜍就能感知到饵料的存在，就会前来捕食。由于黄粉虫在水中易死亡，因此在水中投喂黄粉虫时，一定要有耐心，一次要少量投喂，等水中的虫子吃完了再投下一次。当发现投进去的虫子没有吃完时，要把剩余的捞起来，改为到陆地上投喂。当把黄粉虫撒在陆地上时，黄粉虫也会蠕动，引起蟾蜍的注意力，同时激起它的捕食欲望。

九、日常管理

1. 巡视

每日对菜园地进行巡视，主要是检查小龟池里的水质，水位变化时要立即处理，浇水后要立即补水，遇到雨水天气后要立即排水。不能让大雨水长时间淹没菜地，否则在菜地里生长的蚯蚓很容易死亡。另外就是观察乌龟和蟾蜍的摄食情况和活动能力，及时调整投喂量；大风大雨过后及时检查防逃设施，如有破损及时修补，如有鼠、蛇等敌害及时清除。

2. 加强对黄粉虫的管理

一是无论是大棚养殖还是饲养房养殖，都要保持相对稳定的温度和湿度，温度保持在15~30℃最好，湿度要保持在50%~75%，可多投喂嫩菜叶。

二是及时分群饲养。随着黄粉虫的生长，由于各虫体因生长速度不同而导致个体大小不整齐时，为了防止相互残杀，此时要大小分群饲养，可用不同目孔的网筛分离幼虫大小，并按不同的规格实行分养。

三是加强各变态期的管理工作，无论是哪一虫态，在它们变态的时候，都是身体最虚弱、对外界环境抵御能力最弱的时候，也是最容易遭受敌害尤其是同类的侵袭，因此在这一时期一定要加强管理，进行重点监管。

第三节　果园培育黄粉虫养鸡创业

一、果园育虫养鸡的优点

1. 生态效益

一是鸡能除草，对杂草有一定的防除和抑制作用。

二是果园里掉落的果子、果树下的杂草、鲜嫩的树叶等都可以用来喂养黄粉虫，减轻了对环境的污染。

三是鸡能灭虫，可把果园地面上和草丛中的绝大部分害虫吃掉，提高果品的产量和质量。

四是提高鸡的品质，鸡不但可以充分吃食黄粉虫，还可以充分利用果园里的杂草、昆虫、蚂蚁、蚯蚓等天然生物资源，改善鸡蛋、鸡肉的品质和风味，提高肉质。

2. 经济效益

一是鸡在果园里摄食，减少了饲料的投喂量，节省饲料和人力。

二是培肥地力，鸡粪是一种优质有机肥，含有氮、磷、钾等果树生长所需要的营养物质，可以促进果树生长，提高果树产量。

三是节省肥料的投入，由于鸡粪的作用，果园可以不投或少投肥料，可以节省投资。

四是黄粉虫本身就是一笔很好的收入，如果用黄粉虫喂鸡，则可以减少饲料的用量，而且能提高鸡的肉质，增加收入。

3. 有效防病

一是鸡能吃食果园中的害虫，可以有效地防治果树的病虫害。

二是果园中空气新鲜，水源清洁少污染，可避免和减少鸡病的互相传染，增强鸡群体质，降低死亡率。

二、场地选择

用于养鸡的果园最好远离村庄、人口密集区、畜禽交易场、屠宰场、加工厂以及化工厂、垃圾处理场等，交通便利，地势平坦、高燥、通风光照良好、日照时间长，易防敌害和传染病。果树树龄以3~5年生为佳，地面为沙壤土或壤土，透气性和透水性良好。园地荫蔽度要求在70%以上，防止夏季阳光直射引起鸡中暑；园地周围要用旧渔网或纤维网围拦隔离，防止鸡只外逃和天敌侵入，以便管理；园内要有清洁、充足的水源供鸡饮用，要求水中不含有病菌和食物，无异臭或异味，水质澄清，以满足鸡饮水需要。

三、选好品种

果园养鸡成功与否，鸡的品种是关键。果园养鸡是放牧为主、舍饲为辅的饲养方式，因其生产环境较为粗放，所以应选择适应性强、耐粗饲、抗病力强、活动范围广、勤于觅食的地方鸡种进行饲养。同时应根据市场的需求来确定选择适当的品种，一般应选用体型小的品种，如广东三黄鸡、广西麻黄鸡、肖山鸡、浦东鸡、仙居鸡、寿光鸡等传统地方良种是适合果园饲养的品种。如供应春节市场则宜选用体型大的品种如星杂882等；而艾维茵、AA等快大型鸡由于生长快、活动量小、对环境要求高，不适于果园养殖。黄粉虫要选取那些个体大、生命力强的虫子，在一批中要尽可能选择规格整齐、色泽鲜亮的个体。不选择身体有残缺、个体较小以及身体发黑的虫子。

四、搭棚建舍

根据果园面积和养鸡数量，在放养肉鸡的果园居中地段，适当搭建一些简易棚舍如油毡棚，为鸡群提供一个栖息、产蛋、避雨、补饲、避暑的场所，同时对防止鸡群被雨淋打、烈日暴晒、意外惊动等非常重要，不可缺少。棚舍采用土墙、砖木或竹木结构，选择避风向阳、地势高燥平坦处建造，大小因地而异，一般高约2米、跨度5~6

米、长度 10~30 米。鸡舍坐北朝南或坐西北朝东南，顶棚用玻璃钢瓦或油毛毡配稻草都可以，棚舍中间高、两边低，四周挖好排水沟。

也可以在离鸡舍不远处，用同样的方法建设一个黄粉虫养殖大棚。唯一有区别的就是棚舍宜选择避风背阴、地势高燥平坦处建造，一般高约 2 米、跨度 5~6 米、长度 10~30 米，顶棚用油毛毡配稻草，棚顶中间留有两个透气孔。在白天温度高时，要将稻草帘放下，减少阳光的直射。另外棚舍要中间高、两边低，四周挖好排水沟。一般两个大棚的黄粉虫就可以满足一个大棚里鸡的食用了。

还有一种就是用养殖房来养殖黄粉虫，养殖房的建设和要求同前面基本相同。

五、养鸡密度

鸡群一般在 45~60 日龄放养，每亩果园以放养 100~250 只为宜。密度过大会因虫、草等饲料不足而增加精料饲喂量，影响鸡肉和蛋的风味；密度过小则造成资源浪费，养殖效益低。果园内限定鸡群活动范围，可用丝网等围栏分区轮牧，放 1 周换一块。果园放养周期一般 2 个月左右，这样鸡粪喂养果园小草、蚯蚓、昆虫等，给它们一个生息期，等下批仔鸡到来时又有较多的小草、蚯蚓等供鸡采食，如此往复形成生态食物链，达到鸡、果双丰收。

六、黄粉虫的放养

幼虫在饲养箱中的厚度以 1.2 厘米为宜，不能超过 1.8 厘米，以免发热。参考密度为 5~8 千克/米^2，具体的密度要依据个人的养殖技术、养殖经验和环境条件而定，同时也与季节存在一定关系。

七、鸡的养护

1. 放牧

雏鸡刚开始放到果园，头 5 天料槽和饮水器应放在鸡舍附近约 1 米处，使其熟悉环境。在这 5 天中，仍按原来育雏的次数喂饲，以后

可逐渐减少饲喂次数。天气晴好时，清晨将鸡群放出鸡舍，傍晚天渐渐变黑时将鸡群赶回鸡舍内。白天放养不放料，给予充足的清洁饮水，根据放养的数量置足水盆或水槽。若是雨天，果园有大棵果树遮雨，鸡只羽毛已经丰满，仍可将鸡舍门打开，任其自由进出活动。若果树尚小，没法避雨就不宜将鸡群放出。若气候突然有变，应及时将鸡唤回。

2. 补饲

鸡群可在每天早晨放牧前先喂给适量配合饲料，傍晚将鸡群召回后再补饲1次。补饲的时间和量应依季节和天气而异，如秋冬季节果园杂草小，昆虫少，可适当增加补饲量，春夏季节则可适当减少补饲量。例如在阴雨天鸡不能外出觅食，这时需要及时给料。

3. 调好温度

果园养鸡的最大特点是雏鸡脱温后就直接转入果园进行野外饲养，环境温度不稳定，因此育雏时要调节好温度，以适应果园环境。初生雏鸡体温比成鸡低1~3℃，抗寒保温能力差，育雏必须在育雏室进行，按不同季节、不同饲养量、育雏室大小、饲养密度、保温方式等合理调节温度。第1周保持在33~35℃、第2周31~33℃、第3周28~31℃，逐渐过渡到自然温度后饲养1周，移入果园饲养。

4. 注意天气

冬季注意北方强冷空气南下，夏天注意风云突变，谨防刮大风下大雨，尤其是开始放养的前1~2周，随时关注天气预报，根据天气变化及时进行圈养或放牧。当然，放养3周龄后抗逆力较强，可适当粗放管理。

5. 严防鼠害

果园里鼠虫较多，可采用养殖适量的猫和定期人工灭鼠相结合的办法消除鼠害，减少不必要的损失，节约养殖成本。

八、合理轮牧

果园用丝网隔开，划分为若干个小区，待一个小区的草、虫不足时再转移到另一个小区放牧。不仅方便管理，还能防止老鼠、黄鼠狼等对鸡群的侵害和带入传染性病菌，同时也利于食物链的建立。

鸡群出栏后，应对果园进行清理，果园地面可用生石灰或石灰乳泼洒消毒。果园每养一批鸡要间隔一段时间再养。一片果园养完一批要空闲一段时间，另找一片果园饲养，也就是所谓"轮牧"。

九、黄粉虫的管理

将孵出的幼虫从卵纸上取下移到大棚里或养殖房内喂养，放一层经过消毒的厚2~3毫米的麦麸让其采食。幼虫须经不断的蜕皮才能生长。刚脱皮的幼虫白嫩，在日常管理和检查时一定要小心，注意不能损伤虫体。随着幼虫的生长，会发生个体大小不整齐的现象，此时要及时进行大小分群饲养。

无论是用大棚养殖还是用养殖房养殖，都要做好温度、湿度调控，温度控制在24~35℃，湿度控制在65%~75%。当幼虫长到2~3厘米时开始化蛹，要及时把新化的蛹拣到另外的箱中进行专门饲养。饲养箱要放在通风、干燥、温暖的地方。

投喂量一般是以总体重的15%左右为宜，饲料则是多种多样的，最好的也是最实用的就是利用果园里的杂草、鲜嫩的果树叶和掉落的水果以及残次果品，这样既可以减少饲料的投资，也可以及时对这些废物进行有益化转化。

十、谨慎用药

果园使用农药防治病虫害时，应先驱赶鸡群到安全地方避开，再巧妙安排，穿插闲置进行，因为农药毒性大，对鸡易造成中毒。一要选用高效、低毒、低残留的无公害农药；二要在安全期放养，将鸡群停止放养3~5天，或施药时将果园分区、分片用药，农药毒性过后再进行放养，不让鸡接触农药。若是遇到雨大，可避开 2~3 天；若是晴天，要适当延长 1~2 天，以防鸡只食入喷过农药的树叶、青草等中毒。

十一、适时销售

销售是产生效益的关键环节，如果饲养时间过长，周转期拉长，就会导致饲料的投放多、投入产出比下降，因此适时销售是果园养鸡的一项重要工作。一般而言，饲养 40~50 日龄后且有市场销路，每只成年鸡有 1~2 元的利润就可以开始销售。对于那些体型小的鸡饲养期宜短些，如麻黄鸡、仙居鸡等品种，最好能 120 日龄内销售完毕；对于那些体型大的鸡主要准备过年过节，则饲养期宜长些，可在 150~170 日龄内销售完毕。另外销售时还要看销售的货源和销售的价格，有把握获利的情况下是可以再养一些。总而言之，产生饲养效益是饲养的目的。

第四节　养殖"虫子鸡"创业

一、"虫子鸡"的概念

所谓"虫子鸡"，并不是鸡的一个新品种，而是在喂养鸡的饲料中加入黄粉虫等昆虫而养殖出来的肉鸡。"虫子鸡"养殖是模拟"生态鸡"营养结构而设计的人工绿色家禽类养殖模式。就是在草地、森林生态环境下，以"笨鸡"为养殖对象，舍饲和林地放养相结合，以自由采食人工培育的黄粉虫、林间野生昆虫、杂草为主，人工补饲有机饲料为辅，呼吸林中空气，饮山中无污染的河水、井水、泉水，生产出天然优质的商品鸡。

"虫子鸡"的饲料中有相当一部分是黄粉虫，但并不是说鸡是全部吃黄粉虫长大的。由于黄粉虫的蛋白质丰富，但钙质含量较低，如果长期以黄粉虫为主要饲料，那么养殖出来的鸡可能会站立不稳，生产出来的鸡蛋壳特别薄、易碎。所以我们所讲的"虫子鸡"，只是强调在饲料中或者是鸡所摄取的饲料中黄粉虫的含量比较高而已。具体来说，也就是在鸡的育雏阶段，每100千克的饲料中添加4~5千克鲜活的黄粉虫；在成鸡的饲养阶段，每100千克饲料中添加10千克鲜活的黄粉虫。采用这种养殖模式养殖出来的"虫子鸡"，不但可降低饲料成本，而且显著增强鸡体的免疫力，在不注射疫苗的情况下成活率可达到98%以上。更重要的是，所养出的鸡肥瘦适当，肉质紧实，味道特佳，因此市场行情好，很受消费者欢迎，收到了良好的社会、生态和经济效益。

与"虫子鸡"相对应的也有"虫蛋"，也叫"昆虫蛋"，就是利用在饲料中添加昆虫主要是黄粉虫饲养的蛋鸡所产的蛋。"虫蛋"与普通鸡蛋相比，不仅味道鲜美，蛋黄柔软，色泽鲜艳，有特殊香味，并且富含人体必需的蛋氨酸、赖氨酸、色氨酸等多种氨基酸，也含有钙、磷、铜、铁、锌、锰等多种矿物质。由于这种鸡蛋不含激素，无药物残留，具有补血、补气、祛病的作用，深受城市里白领的喜欢。

二、选好良种

一般的肉用鸡种、兼用型鸡种和蛋用鸡种的公雏及农村的笨鸡都可作为"虫子鸡"品种，兼用型鸡种最好。我们建议选养皮薄骨细、肌肉丰满、肉质细嫩、抗逆性强、体型为中小型的著名地方品种，这些"虫子鸡"品种是非常受欢迎的。这些良种鸡有杏花鸡、桃源鸡、清远麻鸡、寿光鸡、霞烟鸡、萧山鸡、固始鸡、鹿苑鸡、北京油鸡、宫廷黄鸡、汶上芦花鸡、仙居鸡、大骨鸡、狼山鸡、茶花鸡等。

三、场地选择

"虫子鸡"养殖为了提高品味，一段时间可以在鸡舍内养殖，也有一段时间需要在山地、果园、茶园等地养殖，无论是在哪一阶段养殖，喂养黄粉虫是贯穿全程的。因此对养鸡场要进行科学选择，现在许多"虫子鸡"的养殖是在森林环境条件下进行的。所以有条件的情况下，养鸡场要选择天然林地，一般天然次生林好于原始林、阔叶林好于针叶林、天然林好于人工林，如有条件选择针阔混交林。可以选择在远离村庄，又交通方便的地方，要求鸡舍周围 30 千米范围内没有大的污染源，地势为 5° 左右坡为宜，背风向阳、水源充足、取水方便，有高压线在鸡场内通过最好。鸡舍和运动场的大小设计标准：育雏保温舍按每 1 000 只鸡 10 米^{2}计算，运动场按每只鸡 1 米^{2}计算，运动场周围最好用篱笆和塑料网围起来。这种地方，既便于鸡疾病防疫，又便于物资和产品运输，使鸡有充分的活动范围和采食源，有利于鸡的生长。

四、鸡舍的建造

"虫子鸡"养殖时的鸡舍可以分为 2 种，一种是用砖木制造的房屋结构式的鸡舍，另一种可以用塑料大棚来建鸡舍。

无论是采用哪种鸡舍，一定要做好防寒保温措施，堵严缝洞，地面铺上垫草，以提高舍温。冬季天冷，鸡不爱活动，要设置活动场所，并有防风、防雨、防雪设备。放鸡运动前要先开气窗，匀温通气后再将鸡放出。天冷时要迟放早收。场地有雪要及时扫除清理。

五、黄粉虫的棚舍建造

黄粉虫养殖"虫子鸡"时，也可以和鸡舍同时建造一个大棚专门用于黄粉虫的养殖，只是用于黄粉虫养殖的大棚要求更高一点，最好能挖成半掩体形式的。以毛竹、木条、塑料薄膜、遮阴网等为主要建筑材料，在早春和晚秋时一定要做好防寒保温措施，堵严缝洞，在双层塑料薄膜上加盖草帘，以提高舍温。

由于发展"虫子鸡"，需要的黄粉虫数量要足、质量要好，而且在早春、晚秋都要有黄粉虫及时充足的供应，因此建议还是建设专门的饲养房为宜。黄粉虫饲养房的选择与建设，和前文所述的基本相同，请参见前文。

六、雏鸡的来源

1. 雏鸡的挑选

挑选行动灵活、叫声洪亮、羽毛光润发亮、不扎堆的健康苗鸡。出壳后 24 小时内运到鸡舍。

2. 购买雏鸡

如果是购买雏鸡苗时，一定要到有生产许可证的正规生产孵坊购买。这样对于雏鸡的质量是有保证的，也是提高经济效益的基础。

3. 自繁雏鸡

有的养殖户为了减少因引进外来鸡苗带来病菌和做到鸡品种的纯正，常常自留种鸡，自繁自用，自给自足。

在自繁时首先要选好种鸡，这是保证下一代优良性状的基础，因此种鸡要选择毛色光亮、健壮、生长速度快的纯"虫子鸡"。母鸡体重 1 500 克左右，公鸡体重 1 600~2 200 克为宜；公母比为 1：10，为了避免近亲繁殖带来种质的退化，所挑选的种鸡不宜用兄妹鸡。

"虫子鸡"的饲养必须选择合适的育雏季节，以利于"虫子鸡"的放牧饲养。最好选择 3—5 月份育雏，春季气温逐渐上升，阳光充足，对雏鸡生长发育有利，育雏成活率高。到中鸡阶段，由于气温适宜，舍外活动时间长，可得到充分的运动与锻炼，因而体质强健，对以后天然放牧采食，预防天敌非常有利。春雏性成熟早，产蛋持续时间长，尤其早春孵化的雏鸡更好，所以多选择在春季育雏。

养殖户在采用母鸡孵化出雏方法时，为了使雏鸡日龄统一，做到"全进全出"，除做到喂料投放均匀、按时、保质外，还要对先孵的母鸡实行空孵，也就是鸡窝内不放蛋，但空孵时间不宜超过 7 天。中大规模饲养时宜采用孵化器孵化出雏。

七、雏鸡入室

雏鸡进入育雏室，第 1 周每平方米 50 只，且隔开为一群，在弹

性塑料网上或竹编网上铺新鲜干净的干稻草。铺草厚度以雏鸡粪便能从其空隙中落到地上为宜。第2周每平方米40只,撤去铺草,使鸡粪直接通过网眼落到地上。第3周每平方米30只,之后为10只。

雏鸡进入育雏室后必须做好保温工作,保持室温在30~32℃范围,以后每星期下降2℃,25~30天后脱温放山和晚上进大棚饲养。

八、围养训练

雏鸡在舍内饲养3周后,体重达到130克以上,改为院内散养。训练它听声音采食,经过一定时间的训练,雏鸡听到这种声音就回来吃食,这种训练的目的是为了便于黄粉虫的投喂。因为在养殖"虫子鸡"时,不可能把黄粉虫满山坡上到处乱撒,必须要有固定的食场,除了早晚投喂黄粉虫外,有时还要补饲一两次黄粉虫,因此必须从小就要做好雏鸡的吃食训练。在院内分区种植牧草或用饲草,同时在草丛中撒一些黄粉虫,训练雏鸡自由采食。经过3周以上训练,雏鸡增强了捕食的能力和增长了预防天敌的本领,这给放养创造了条件。

九、黄粉虫的选择与放养

首先是要认真准备好黄粉虫的种源,一定要经过认真的挑选,选取个体大、生命力强的虫子。在一批中要尽可能选择规格整齐、色泽鲜亮的个体。不要选身体有残缺、个体较小以及身体发黑的虫子。

其次是在黄粉虫的放养前先在大棚里或养殖房内的养殖箱中先放一层麦麸,麦麸的厚度为2厘米为宜,然后再放养黄粉虫。

再次是在大棚里放养的密度为3千克/米²,饲养房内的放养密度为5千克/米²。

十、合理饲喂

1. 喂养黄粉虫

养殖黄粉虫的饲料来源比较广泛,在养殖"虫子鸡"的模式中,黄粉虫的饲料宜因地制宜，以麦麸、秸秆、菜类为主，还可以充分利用林间的植物，包括鲜嫩的枝条、野草、掉落的水果以及残次果品、野菜等都可以作为饲料来源，投喂量一般是以总体重的15%左右为宜，这样既可以减少饲料的投资，也可以及时对这些废物进行有益化转化。在饲养房内进行黄粉虫的精养时，可以采用专门配制的黄粉虫饵料，也可以采用虫子1千克、麸皮1千克、菜叶1千克的虫料比例来提供。刚孵化后的幼虫以多投玉米面、麸皮为主，随着个体的生长，增加饲料的多样性。每隔1周左右，换上新鲜饲料并及时添补麸面、米糠、饼粉、玉米面、胡萝卜片、青菜叶等饲料。

2. 喂养"虫子鸡"

（1）特定饲料的选择 从"虫子鸡"的养殖特点上看，虫子、饲料、饲草分两部分。一部分是人工饲料，另一部分是天然饲料。其中人工饲料必须是有机饲料，为此在种植"虫子鸡"饲料及饲料原料时，必须按有机食品要求耕作。人工补饲的黄粉虫，也必须严格按生产有机食品的标准执行，在人工饲料生产过程中严禁添加各种化学药品，以保证"虫子鸡"的品质。而天然饲料的质量取决于自然环境，主要有天然饲草、成熟的籽实和各种天然昆虫等。只有"虫子鸡"所供应的黄粉虫及其他天然饲料充足、营养全面，才能够生产出高营养和滋补性强的优质产品。

（2）"虫子鸡"的喂养 "虫子鸡"出雏后，雏鸡先喂红糖水，以增进食欲，促进胎粪排出。饮水后开食，采取少喂多餐的方法，保证雏鸡始终处在食欲旺盛状态，以促进雏鸡生长发育。在饮水中加入抗生素和维生素，连饮3天，增强"虫子鸡"体质，提高抗病率。

30~50日龄放养"虫子鸡"，按生长期进行饲养管理，每日5~6餐。根据该阶段放养"虫子鸡"的广采食、耐粗饲、生长快的特点，可多喂各种农副产品，如豆腐渣、糠麦、稻谷、玉米、豆饼、菜籽饼、豆粉等粗精饲料，适当增喂微量元素。这时可以在饲料中添加黄粉虫了，添加的比例是100千克的饲料加入黄粉虫2.5千克左右。

放牧期要多喂青绿饲料、土杂粮、农副产品等。在冬季寒冷，鸡体热量消耗大，每天要喂足够的营养全面的饲料，在饲料中保证有一定数量的动植物蛋白饲料，如黄粉虫干、黄粉虫粉、鱼粉、蚯蚓粉、蚕蛹、水产下脚料以及豆饼、花生饼等，还要多喂些含维生素的饲料，如胡萝卜、蔬菜以及青贮饲料等。还可以加喂点辣椒粉，以刺激食欲，增强抗寒能力。

除了以上的投喂外，还要单独投喂一些鲜活的黄粉虫，在补料上可由院养日喂 5 次，逐渐减少到 2 次就可以了。在日喂 2 次时，投喂方法是在早上鸡子放出去前和晚上鸡子回窝后进行，把黄粉虫直接撒在平时喂食的地方，让虫子在地上蠕动，这时鸡就会跳上来自由啄食，使鸡多跑多跳，帮助消化和吸收。一定要掌握早晨放出时少喂点，晚上回来时多喂，确保"虫子鸡"的营养需求。中后期每天可适当喂一部分谷芽，以增加营养、改善肉质、降低饲料成本。如果是自配料，可以采取谷物类发芽料 70%，各类青菜叶 25%，血粉 5%的配方。

3. 用黄粉虫喂养蛋鸡

如果在养殖"虫子鸡"的同时，让"虫子鸡"下蛋，那种蛋就叫"虫蛋"。如果是单纯在蛋鸡饲料中加入适量黄粉虫进行普通蛋鸡的养殖时，可以直接将黄粉虫干按 1%的比例掺在饲料中一起投喂。也可在饲喂玉米、麦麸等饲料基础上，加喂 10%左右的活体黄粉虫，可有效增强鸡体免疫力，显著降低鸡蛋的胆固醇、脂肪的含量，有效提高蛋白质、卵磷脂的含量，同时可丰富矿物质元素，使鸡蛋质量明显提高。

它的喂养方法请参考"虫子鸡"的喂养。

十一、黄粉虫的管理工作

黄粉虫的管理见前文相关内容。

"虫子鸡"在生长过程中与林地、滩地等外界接触广泛，随时都有可能受到传染因素的威胁，另外"虫子鸡"生长期相对较长，一般需要 4~5 个月出栏，为防患于未然，必须有计划地对鸡进行免疫接种,以获得强免疫力。

第五节　培育黄粉虫养蛇创业

蛇既具有药用价值,也具有很高的食用价值和观赏价值,因此在我国养蛇也比较普遍,蛇也是吞食性动物之一,平常以蛙类、鸟类、鼠等小动物为食。在进行饲养过程中,人们发现黄粉虫不但可以作蛇的饲料,而且还是优质的饲料来源之一,尤其是鲜活的黄粉虫更适合喂幼蛇。加上黄粉虫养殖比较容易,群体量也大,在人工控制下养殖可以周年满足需要,因此可以作为蛇类的主要食物来源。由于蛇的种类较多,本书以我国最常见且最重要的食疗两用蛇——王锦蛇为例来说明。

王锦蛇又称为棱锦蛇、松花蛇、王字头、菜花蛇、麻蛇、棱鳞锦蛇、王蛇、油菜花、黄蟒蛇、臭黄颔等。它的体形属于蛇类中的中上等,体长一般在2米左右。在众多的养殖品种中,王锦蛇是非常受欢迎的一种,因其长势快,肉质多,耐寒能力强,并且季节差价较大,是目前国内开发利用的主要对象。在相当长的时间内,它是养蛇场的主打品种,尤其是在长江以北各省市的养殖户,大都以它作为无毒蛇的首选饲养对象。

一、饲养场所

养殖王锦蛇的饲养场地无特别要求,只要做好防逃设施即可,还可在蛇场内配备一些必备的运动场和游泳池,有利于王锦蛇的生长发育。不管南方北方,无论采取何种养殖方式,王锦蛇的蛇窝均应设置在干燥的地方,不能长期处于阴潮环境之下,否则王锦蛇易患疾病。

二、饲养密度

适宜的饲养密度对王锦蛇的生长是有好处的,刚刚出壳的幼蛇个体较小,体长在25~35厘米,活动能力较差,这时的饲养密度可大一点，每平方米的蛇房可以放养 80~100 条；在饲养 15 天后，拣出幼蛇总数量的 1/5，将密度适当降低至 60~80 条；可当幼蛇蜕皮三次后，可以将密度疏散到每平方米 45~55 条；当幼蛇生长到 500 克左右时，放养密度可以再降低到每平方米 10 条为宜；对于一些生长速度很快的蛇，体重达 800 克左右时，每平方米以 5 条左右为宜；在立体养殖条件下，放养的密度可大大增加，例如体重为 500 克的幼蛇以每平方米养 20 条左右为宜。

有一点要注意的是，虽然王锦蛇是无毒蛇，但是它性情凶猛，好斗性和攻击性都很强，敢与毒蛇中的五步蛇、眼镜蛇争食。更重要的就是它有残食同类或其他蛇类的习性，所以王锦蛇只能单独养殖，不能与其他无毒蛇同场混养。

总之，王锦蛇的饲养密度根据饲养员的管理经验、养殖场的环境和饵料的供应有密切关系，在条件都能满足的前提下可以将密度放大一点，提高空间利用率；如果条件不成熟时，密度一定要降低，以防止大蛇吃小蛇、强蛇吃弱蛇的悲剧发生，尽可能从管理手段上减少养殖中的损失。

三、饵料供应与投喂

在养殖王锦蛇时，饵料供应与投喂是要特别注意的一点，一定要注意以下几点。

首先要了解王锦蛇为广食性蛇，以捕食蛙类、鸟类、鼠类、蜥蜴、昆虫类及各种鸟蛋为生。在食物缺乏时，王锦蛇甚至会吃自己的仔蛇，因此养殖中尤其要加以注意。由于黄粉虫养殖比较容易，而且群体量也大，因此可以作为蛇类的主要食物来源。

其次就是幼蛇的投喂要加强，幼蛇的饵料构成也与成蛇有一点区别。在进行饲养过程中，人们发现黄粉虫不但可以作蛇的饲料，而且还是优质的饲料来源之一，尤其是鲜活的黄粉虫更适合喂幼蛇。

在给幼蛇投喂时，可以多投喂一些小动物，如黄粉虫、蛐蛐、蚂蚱、蝇蛆等，也可以将黄粉虫捣成肉泥状来灌喂幼蛇。由于幼蛇需要在第一次蜕皮后才能主动进行捕食，因此有条件的养蛇场就要加强对幼蛇投喂方面的重点管理，可采取早期灌喂、后期投活饵的交叉方式。在人工灌喂时，要一步步地进行，先只喂给鲜蛋液，再慢慢地在蛋液中酌加一些捣碎的小昆虫，通过黄粉虫的气味刺激来为以后幼蛇主动捕食动物性活饲料打下基础。

王锦蛇的幼蛇，必须人工诱导其集体开食。诱导开食的方法是：在幼蛇的活动场地内，在投喂活饵时，主要投喂一些王锦蛇喜欢吃的黄粉虫、小水蛇、蟋蟀、泥鳅、蛐蛐、蝗虫、蚂蚱等供幼蛇自动捕食，由于黄粉虫可以实现工厂化养殖，无论大小规模的养蛇场基本上都可以满足，因此可以用黄粉虫来作为主要的开食诱饵。为了保证幼蛇都能捕到活饵，要求投喂的鲜活黄粉虫数量要充足，通常要达到幼蛇数量的 5~10 倍，创造出幼蛇易于捕捉到食物的环境，这是培养幼蛇开食时最重要的。对于幼蛇的投喂还要注意一点就是平时不要零星投放饵料，要定点定时投喂。在投喂一天后，要立即将未食或被幼蛇咬死的饵料全部清除出来。

幼蛇进食后的第 3 天就要及时检查一下吃食情况，主要是查看是否所有的幼蛇都能主动进食了，对于个别体弱体小、不能主动进食的幼蛇，这时一定要拿出来单独喂养，进行特别的护理。同时利用医用洗耳球或钝头注射器等工具，强制继续灌喂捣碎的黄粉虫，待过段时间将生长发育较好的幼蛇再重新放入蛇场。

至于中蛇和大蛇的养殖，既可以用鲜活的黄粉虫直接投喂成年蛇，也可用黄粉虫干或鲜虫打成浆与其他饲料配合成全价饲料，然后加工成适合蛇吞食的团状，投喂量要根据蛇的数量、大小及季节不同而区别对待，一般为每月投喂 3~5 次。

第六节　养殖黄粉虫饲养蝎子创业

蝎子的种类不少，目前主要养殖的还是东亚钳蝎，体长一般在 5 厘米左右，腹部呈浅黄色，主要功能是药用。这是因为蝎子的体内含

有一种有效成分是蝎毒素，是一种类似蛇神经毒素的毒性蛋白，高血压病人服用后能扩张血管，有显著持久的降压及镇静作用。蝎子是著名的中药材，也是典型的食虫性动物。最初人们养殖蝎子时遇到了饵料的瓶颈。应该说，蝎子的开发与养殖比黄粉虫的开发与养殖要早得多，但是在黄粉虫被开发以前，蝎子的养殖一直没有更大的发展，从某种程度上说是没有成功的。自从黄粉虫作为蝎子的优良饲料进行试验成功后，蝎子养殖户就把用黄粉虫来喂养蝎子作为主要的养殖技术手段之一，蝎子的养殖才真正进入快速发展阶段，所以在某种意义上说，养殖黄粉虫也是人工养蝎不可缺少的内容。

一、蝎窝的建造

蝎子是一种喜阳怕光，喜潮怕湿的特种经济动物，同时还有钻缝的习性。因此在蝎窝的建造上尽量采用隔离饲养法，这样有利于提高人工养殖的成活率。

建设蝎窝的土壤质地直接影响土壤温、湿度，蝎子栖居的土壤以壤土、沙壤土为宜。壤土、沙壤土渗透性好，保水保温，抗旱抗涝，环境稳定，容易调节窝内湿度及通风状况。先在准备好的地方开挖蝎池，池底用红土捣实，四周用砖块砌好，并用水泥抹平，防止蝎子逃跑。

在人工养殖蝎子时，可用瓦片等制成垛体或称蝎房，高度应稍低于蝎池高度，垛体所占的面积约为池底面积的 2/3。每个垛体中的缝隙（窝）数目不宜太少。一般每个缝隙宽 3~5 厘米、高 1~1.5 厘米，每窝能容纳小蝎 20~30 只，成蝎 10~15 只。瓦片等一般一年更换 1 次。窝室是成蝎在非繁殖期栖居的地方，它的大小往往随蝎大小而异，以恰能容身为度。与进出通道一样，可为石缝，也可为土室。繁殖期的母蝎常在土壤部分进行拓展，挖出或重新选择一个较大的空间，即繁殖室，为体型大小的 4~5 倍。

二、合理放养

育好种蝎是发展人工养蝎的基础。种蝎要挑选个体中等，健壮的公、母蝎。在饲养过程中，放养蝎子密度的大小，是直接关系到养蝎成败的关键。密度太大时，如果饵料再跟不上，那么蝎子之间就会互相残杀；放养密度过小，则对养殖设备来说是个浪费。为了避开蝎子这种互相残杀的本性，就要限制蝎子的活动区域，采用密封、固定、限量的大棚式养殖方法。养殖实践证明：此种养法具有提高2龄蝎成活率，适宜3龄蝎发育，利于4~5龄蝎恒温立体养殖等优点，成功率较高，是一种较为理想的饲养模式。

三、及时分养

蝎子在饲养过程中，即使是同时繁殖出的蝎子，在生长过程中也会发生因个体的原因而导致差异性很大，这时就会出现明显的大小不一的情况，需要及时分开饲养。若不及时分养，个体大的就会残杀个体小的，未蜕皮的残杀正在蜕皮的。

因此，在建蝎场时应多准备一些蝎池，将同龄蝎互相放在一起，而且要经常观察它们的生长情况，始终做到及时分养，规格一致，以利于同步生长。

四、科学投喂黄粉虫

蝎子是肉食性动物，也是一种食虫性动物，喜吃质软、多汁昆虫。而黄粉虫的幼虫本身就具有质软、多汁的优势，是蝎子的优良饲料，蝎子养殖户常用黄粉虫来喂养蝎子。

民以食为天，蝎子也是一样，它也需要吃到可口的食物，因此在饲养蝎子时，投喂时应以肉食性饲料为主，饲喂的小昆虫种类越多越好。种类不同的昆虫体内含有不同的氨基酸，而不同的氨基酸对蝎子的生长、发育、产仔及蜕皮等均能起到很好的促进作用。饲料的种类愈多就愈能更全面地增加蝎子的营养。但是由于其他昆虫在自然资源的捕捞上和人工养殖的开发上有很大困难，不能满足养殖需求，只有黄粉虫才能满足这种既养殖开发技术成熟化，又能进行饲料化的要求。因此绝大多蝎子养殖户基本上就放弃了对其他昆虫的培育和捕捞，比如洋虫和鼠妇这两种小虫子也很适合蝎子的养殖，能增加蝎子的营养和利于蝎子蜕皮的氨基酸，并且也能清理蝎池的垃圾和节省食物成本。但是由于它们目前在养殖开发上没有大的进展，因此这些蝎子养殖户们还是重点选择黄粉虫的幼虫作为蝎子的主要动物性饲料。

喂养蝎子并不是所有的黄粉虫都适合，只有黄粉虫幼虫和蛹是比较合适蝎子的养殖的。喂食的虫子一定要是活的黄粉虫，死的虫子不要投喂，因为死的虫子很快就会腐烂变质，蝎子不爱吃不活动的东西，人工拌料效果不理想还会生螨虫。因此养蝎子一定要有各龄的虫子，并且在养蝎子之前要先养虫，保证了食物来源蝎子才能养好。每次投喂量应根据蝎群及蝎龄的大小及蝎子捕食的能力来适量供应。一般幼蝎投喂 1~1.5 厘米长的黄粉虫幼虫为宜，成年蝎则投喂 2 厘米左右的幼虫较好。

如果给幼蝎喂较大的黄粉虫，幼蝎捕食能力弱，捕不到食物，会影响其生长。更重要的是黄粉虫本身就有攻击能力，如果黄粉虫的身体过于健壮，个头过大，反过来有时幼蝎还会被较大的黄粉虫咬伤。若给成年蝎子投喂小幼虫则会造成浪费。所以应依据蝎子的大小选投大小适宜的黄粉虫。

幼蝎出生后趴在母蝎背上，待第一次蜕皮数日后即离开母体。刚离开母体的幼蝎 2 天内需要取食大量的虫子，此时为幼蝎第一个取食高峰，投喂虫子数量应相应多一些。如果幼蝎没有足够的虫子捕食，会因争食而自相残杀。幼蝎在离开母体 3 天后取食量逐渐减少，此时投喂 1 厘米长的黄粉虫较为适宜。离开母体后的幼蝎 40~45 天时开始第二次蜕皮。幼蝎第二次蜕皮后逐渐恢复活动能力，又开始一个取食高峰期。此时喂虫量要多些，饲料短缺会引起幼蝎及成蝎间的自相残杀现象。许多蝎子养殖户在养殖过程中发现一个现象，就是 2~4 龄的幼蝎，在喂养时，给蝎子的食物很多但是就是不见蝎子长个。这是因为在蝎子的生长过程中投喂的黄粉虫数量不足，导致蝎子吃得很少；还有一种情况就是黄粉虫的个头过大，也会造成营养摄入不及时导致蝎子蜕皮困难。蝎子不蜕皮就长不大。

幼蝎一般蜕皮 6 次即为成蝎，每次蜕皮后都会出现一个取食高峰，每个取食高峰都要多投虫子。对于成蝎的投料，不仅要增加投虫量，而且要常观察，在虫子快被捕食完时及时补充投喂。

由于蝎子是属于昼伏夜出的动物，因此无论春夏秋冬，只要蝎房内能保持温度在 28~36℃时就可以正常投饵，投喂黄粉虫的时间一般应放在天黑前 1 小时进行。

第七节　培育黄粉虫养蛙创业

由于这类蛙的生活习性和捕食特点都基本相同，故本书以青蛙为例，来说明养殖蛙或蟾蜍在投喂黄粉虫给它们吃食时的技巧和注意要点。由于青蛙是一种变态动物，它的蝌蚪和幼蛙及成蛙有着明显的不同，而用黄粉虫来进行喂养的是幼蛙和成蛙，因此这里着重介绍幼蛙和成蛙的投喂技巧。

一、蛙池

目前养蛙池的结构主要是两种。一种是土池，适用于产卵池、亲蛙池、幼蛙池和成蛙池；另一种就是水泥池，多用于孵化池和蝌蚪专用培育池。

蛙池的形状并没有太多的讲究，总的来说还是以长方形为好。方向是以南北短、东西长为好，有利于蛙类的生长。

由于蛙是水陆两栖动物，因此蛙池的深度也要与它们的生活习性相适应，深水区的水深宜以 1.2 米为宜，浅水区以 0.2 米为宜。

二、防逃设施

由于蛙的活动能力和跳跃能力很强，因此应特别注意防逃工作。

另外夏季暴风雨多，蛙受惊后会爬越障壁或掘洞逃跑，因此在这种天气要特别注意做好防逃工作。蛙池的四周要设高 1.2 米左右的栏网，也可以用芦帘、竹篱笆或铁丝网、尼龙网、砖墙等围起来。围栏要入土 15~20 厘米，高 1.8 米以上，防止蛙外逃。

三、苗种放养

饲养上对苗种的要求是：数量充足，规格合适，种类齐全，体质健壮，无病无伤。

蝌蚪放养时间一般为农历 3 月初，放养密度在 200~250 只/米²。放苗时温度最好保持在 20℃左右，待蝌蚪完全变态后，根据死亡情况补充幼蛙，保证幼蛙数量在 120~150 只/米²。在蝌蚪或幼蛙入池时要注意以下几点：第一，下塘的苗种规格要整齐，否则会造成苗种生长速度不一致，大小差别较大；第二，下塘时间应当选在池塘浮游生物数量较多的时候；第三，下池前要对蝌蚪或幼蛙进行药物浸洗消毒，杀灭它们体表的细菌和寄生虫；第四，下塘前要试水，两者的温差不要超过 2℃，温差过大时，要调整温差；第五，下塘时间最好选在晴天进行，阴天、刮风下雨时不宜放养；第六，搬运时的操作要轻，避免碰伤蛙体和蝌蚪；第七，使用的工具要求光滑，尽量避免使蝌蚪和蛙体受伤。

四、科学投喂

1. 不同阶段蛙的食性

蛙类是以动物性饲料为主的杂食性动物，不同阶段的食性是有一定差别的。在蝌蚪时期它是以植物食性为主，而自从变态发育到幼蛙后，它的食性也随之发生变化，以动物食性为主。成蛙时期则以环节动物、节肢动物、软体动物、鱼类、爬行类为主，其中以节肢动物的昆虫为最多。在蛙的食物检测中，约有 75% 的食物是各种昆虫，这些昆虫大多数是农田害虫，因此蛙类是人类的有益动物。在人工养殖时，经过驯化，它们都可以吃人工配合饲料。

在用黄粉虫喂养蛙时，只是在幼蛙期和成蛙期包括亲蛙期进行投喂，在蝌蚪期是不用投喂黄粉虫的。

2. 蝌蚪的饲料

在蝌蚪下塘时，水体应有一定的肥度，即有一定量的饵料生物，以满足蝌蚪的需要。在蝌蚪下塘前5~7天注入新水，注水深度40~50厘米。注水时应在进水口用60~80目绢网过滤，严防野杂鱼、小虾和有害水生昆虫进入。基肥为腐熟的鸡、鸭、猪和牛粪等，施肥量为每亩150~200千克。施肥后3~4天即出现轮虫的高峰期，并可持续3~5天。以后视水质肥瘦、蝌蚪生长状况和天气情况适量施追肥。

蝌蚪阶段的投喂以蝌蚪粉（专用的饲喂蝌蚪的粉状饵料）为主，也可以投喂少量当地鱼粉。每天投喂2次，时间分别为早上9点和下午4点。开始阶段每次投喂量在0.5~0.75千克/万蝌蚪，两个月后逐渐加料到1.75~2千克/万蝌蚪。蝌蚪变态后开始减料，从其后腿长出到尾巴消失期间基本停料。

3. 蛙的捕食方式对黄粉虫的要求

蛙在捕食时是近视眼，它对静态的食物几乎没有反应，而对动态的食物则反应迅速，这就要求在喂黄粉虫时一定要喂鲜活的幼虫，对于活动不活泼的虫子则要想法让它动起来，以激起蛙的捕食欲望。蛙的取食主要是在夜晚进行，它是采取袭击式的方式进行掠食。在自然状态下，它总是蛰伏不动，当它发现食物时，就会慢慢地接近猎物，在到达一定的距离后，蛙会采取突然跃起的方式扑向食物，同时将口中长长的且带有黏液的舌头伸出去，将猎物黏捕入口。

幼蛙的投喂特别是驯食阶段是比较重要的，在高密度养殖时，最好的饵料就是黄粉虫、蚯蚓等活饵料。一旦没有充足的活饵供应时，就必须驯养蛙类来吃食死饵或配合饲料。因此可以将黄粉虫制成虫干或虫粉添加到饲料中，保证蛙类一年四季都能吃到这种优质高效的动物蛋白，这才是高产高效养蛙的基础。

（1）设置饵料台 在人工投喂活的黄粉虫或配合饲料时，不可

能每次都会被蛙全部吃完，为了便于清除残食，防止蛙池水质恶化，减少蛙病害的发生，喂给蛙的饲料必须投喂在饵料台上。

饵料台可用泡沫板制作，也可用木框聚乙烯网布制作。用泡沫板制作，一般将泡沫板裁成长50~60厘米、宽40~50厘米、厚3~4厘米，再在其长边的中心点钻个小洞，将一根小竹竿穿过小洞固定在蛙池中即可。木框聚乙烯网布饵料台制作方法是：先做一个长60厘米、宽50厘米、高8~10厘米、厚2厘米的木框，然后将聚乙烯网布拉紧，用塑料包装带压条，再用小铁钉钉在木框的底部。如果制作的饵料台浮力不足，这时就在饵料台的两端再缚一条泡沫条，用以增加饵料台的浮力。蛙类饵料台以每200~300只蛙搭设一个为宜。

（2）利用黄粉虫进行蛙类驯饵　人工培育的活的黄粉虫可直接投喂在饵料台上，由于活的黄粉虫是运动的，蛙可以直接进行捕食。

但是对于那些刚死而且还没有变质的黄粉虫或者是投喂的含有黄粉虫干配制的饲料时，一定要事先对蛙进行驯食。这是因为蛙的眼睛近视，而且只对运动着的食物感兴趣，如果死饵不"动"起来，那么蛙就不会吃食。因此要想将配合饲料或刚死亡的新鲜饵料顺利地让蛙吃下去，就必须经过驯食。驯食就是人为地驯养蛙由专吃昆虫等活饲料改为部分或全部吃人工配合饲料、蚕蛹、死饵等静态饲料。在驯食时，提倡早驯食要好于晚驯食，晚驯食要强于不驯食，因此驯食的蛙龄越小，驯食所用的时间就越短，驯食的难度就越小，当然驯食效果也就越好，饲料损失越少。一般要求在幼蛙变态后的1周内就开始驯食。

①拌虫驯食。拌虫驯食简单地说就是用活动虫子的运动来刺激蛙类捕食死饵料，这种驯食的方法可以分成以下几个步骤。第一步是将饲料加工成合适的大小，这种大小既要能让蛙看起来和虫子差不多大小，让蛙误认为是鲜活的虫子，同时又要能让不同阶段的蛙一口能吞下，因此可将人工配合饲料加工成直径与黄粉虫幼虫差不多的颗粒饲料。第二步是放虫子，将加工后的饵料放到饵料台上，再按一定的比例在这些静态饲料上放上黄粉虫等会爬行的活饲料。第三步是刺激

蛙捕食，在驯食前先要将蛙饥饿 2～3 天，然后把死饵和活饵料都放到饵料台上，这些活饵料在静态饲料中间爬行、蠕动和翻滚，从而带动静态饲料的位移和滚动。蛙见到这些饲料由静变动，误认为是"活虫"，在争食活饲料的同时也摄食了这些"动"的静态饲料。第四步是循序渐进，强化驯食，拌虫驯食一般分 3 个阶段，也就是 1/3 原则。就是第一阶段用 1/3 死饲料拌和 2/3 活饲料饲喂，以活带动死，第二阶段是采取死饲料和活饲料对半拌和饲喂，让蛙渐渐适应活饲料减少的结果，第三阶段以 2/3 死饲料拌和 1/3 活饲料饲喂，仍然让活饲料的"动"来刺激蛙的捕食欲望。每个驯食阶段以 1 周为宜，若效果不理想，可延长时间，直到蛙能直接摄食死饲料为止。

② 抛食驯食。抛食驯食的方法比较简单，驯食步骤是这样的：第一步是在食场附近放置一个面积为 2～4 米² 的饵料台，并在饵料台的上方斜搁一块小木板，小木块的一端连着饵料台，另一端固定在堤岸上；第二步是将静态饲料加工成直径与黄粉虫幼虫差不多的颗粒饲料备用；第三步是在驯饵时先撒一点黄粉虫等活饵在饵料台上，再将准备好的饲料轻轻地抛向斜搁的小木板上，这些饲料沿着斜放的木板滚落到下面的食台上，蛙误以为"活虫"而争食；第四步是循序渐进，强化驯食，慢慢地将活黄粉虫的数量减少就可以了。

③ 震动驯食。震动驯食是利用震动的原理造成静态饵料被动地"活"起来，从而造成蛙的视觉误差而捕食。震动驯食的方法和步骤是：第一步是将饵料台安装在蛙池四周的堤埂边或池中陆岛上，饵料台底部离地面 5～7 厘米；第二步是在饵料台上安装震动装置，就是将弹性很好的弹簧安装在饵料台底部的正中或四角；第三步是将静态饲料和少量的黄粉虫等活饵料一起放在饵料台上；第四步是震动驯食，当蛙看见蠕动的黄粉虫时，就会立即跳上饵料台，随着蛙不断地跳上和跳下，饵料台也因为弹簧的弹性作用而上下震动，这种震动也带动了静饲料不停地震动和滚动，蛙误以为"活虫"而争食。

（3）投喂黄粉虫应注意的几个问题

一是驯食时的黄粉虫要鲜活，不能腐烂，被驯的死黄粉虫一定要

是刚死半小时左右的，不能时间太久；饲料的配方要科学，各种营养要丰富，也不能有霉变现象。

二是幼蛙的食欲十分旺盛，应采取少量多次的投喂原则，让它们吃好吃饱。

三是当幼蛙移养到一个新环境时，由于环境的不适应，它会躲在遮阳处或蛙巢内很少活动，有时也不取食。一旦遇这种情况时，就要采取果断措施促进幼蛙的捕食。一是增加活黄粉虫的投喂量，刺激幼蛙的捕食欲望，待它正常摄食后，再进行专门的驯食；二是将不吃食的幼蛙捉住，用木片或竹片强行撬开它的口，将黄粉虫一条一条地填塞进口，促进开食。

4. 成蛙、亲蛙等大蛙投喂黄粉虫

一是在鲜活黄粉虫数量充足且来源有保障的情况下，可以直接给成蛙、亲蛙等投喂活的黄粉虫，同样也是将黄粉虫放在饵料台上，不要到处乱撒乱喂。成蛙和蟾蜍捕食黄粉虫的能力十分强，例如一只体重为30克的蛙每次每只可捕食黄粉虫4克左右。

二是如果鲜活的黄粉虫数量没有充足的保障时，为了提高蛙饵料的利用率，促进蛙的快速生长，可以在经过幼蛙的驯食基础上，投喂用黄粉虫干配制的颗粒饲料。

三是无论是活饵料还是颗粒饲料，一般每天可投喂4次，即上午8时、11时，下午2时、5时各一次，尤其是下午5时是最主要的投喂时间，可占一天饵料的50%～60%。

四是成蛙的食欲十分旺盛，平时蹦跳不停都是为了寻找可口食物，因此蛙的投饲量宜多不宜少，可采取少量多次的方法，每次投喂的饲料要在一个半小时左右吃完为宜。其日投饲量约为蛙体总重量的10%～15%。

食用黄粉虫和其他昆虫的蟾蜍死亡率有很大的降低，蟾酥产量可提高10%以上。

五、及时分养

分养就是按蛙体大小适时分级、分池饲养。由于蛙的密度大，幼蛙饲养一个阶段后，因为饵料投喂不匀以及个体间体质强弱的差异，会出现个体大小不一的现象，有时这种差异也很悬殊。例如同期孵出、同期变态的幼蛙，经两个月饲养，大的个体可达 120 克左右，小的个体还不到 25 克。由于一些蛙有大吃小的恶习，所以要及时按大小进行分池饲养，以提高蛙的成活率。

分养时，养殖的数量与规格是密切相关的，例如一个养殖池当初的养殖密度是规格在 25~50 克时，每平方米放养 60~80 只；当规格达到 100 克时，这时就可以适时分养了，将密度调整为每平方米为 30~40 只；当规格继续长到 150 克时，可以再一次进行分养，每平方米调整到 20~30 只。

第八节　养殖黄粉虫喂养观赏鸟创业

用黄粉虫喂养观赏鸟是养鸟人的主要方法之一，特别是对于笼养的鸣禽来说，经常投喂黄粉虫尤其是幼虫，对提高鸣禽叫声和改善声音的音质都大有好处，这已经被许多养鸟人所证实。

一、黄粉虫对观赏鸟的益处

我们平时都知道"鹦鹉学舌"的故事，这种鹦鹉就是一种观赏鸟。宠物鸟是风靡全世界的一种观赏宠物，尤其是年龄大的老人，早上提笼架鸟，打打太极，既锻炼了身体，又享受了生活。我们先祖在生活中经常与鸟打交道，对自然界中的那些羽色华丽、鸣声悦耳或姿态优美的鸟儿发生了浓厚的兴趣，人们对鸟类的驯养已不满足于仅仅用于生产、食用、役用（通信、狩猎）的需要，于是开始把一些羽色漂亮、姿态优美、鸣声悦耳的小鸟捕来饲养、驯化，有的还育出了新品种，供人们欣赏、娱乐，从而满足人们的精神需

求。因为这种鸟常用小笼饲养在家中，所以也称为笼鸟或家鸟，统称观赏鸟。常见的种类有百灵、画眉、点颏、虎皮鹦鹉、八哥、鹩哥、交嘴雀、蜡嘴雀、金丝雀、虎皮鹦鹉、十姐妹、文鸟等。要想把宠物鸟养好玩好，不但要重视选鸟、驯鸟上，就是在鸟的吃食上也有讲究，例如给观赏鸟投喂黄粉虫就是近 20 年来人们发现的一种很好的养鸟技巧，在饲喂鸟类时适量投喂黄粉虫，可以显著地增强鸟儿的活动能力，增强它们对疾病的抵抗能力，同时有助于鸟儿的羽毛光洁。尤其对于那些鸣禽如百灵鸟、画眉等的鸟来说，经常有规律性地投喂黄粉虫，有助于鸟儿鸣声洪亮、更加悦耳动听。

黄粉虫在全国各地的花鸟鱼虫市场都可以买到，作为观赏动物的饲料时，它有一个更广为人知的外号，叫面包虫。这可能是因为黄粉虫的颜色与面包的微黄相似、幼虫的柔软度与面包相似、幼虫的形状也与一种长形的面包非常相似的原因而得名的，是一种最常见的活体鸟食。

鸟儿的种类比较多，虽然不同的鸟儿在食谱上和投喂方式上有一点差异，但总的来说还是有相同之处的。为了方便说明黄粉虫对喂养观赏鸟的好处以及投喂方法，本书就以百灵鸟为例来介绍黄粉虫作为鸟类饲料的配制方法和饲喂方法。

二、制作虫浆米或虫浆面

1. 基础料的选择

基础饲料主要有小米、谷子、黄豆面、玉米面、窝窝头、花生粉、切碎的菜叶等均可以，如果是用谷子喂养时，则先要把谷子用水湿润，隔水蒸熟。通常虫浆米是用小米和黄粉虫幼虫制成的虫浆一起配制的，而虫浆面则是用黄粉虫幼虫和黄豆面或玉米面一起制作的。

2. 制作方法

取黄粉虫老熟幼虫 60 克、小米 200 克、花生粉 25 克。将选择好的纯净的黄粉虫老熟幼虫放在养殖黄粉虫用的过滤筛中，如果没有过滤筛可以用家庭生活中的细筛子或者是用淘米做饭的底部有孔眼的淘米篓，用自来水把黄粉虫身上的虫粪及其他灰尘等冲洗干净，再用适量清水烧沸后将虫子立即放入锅中煮 2~3 分钟捞出。要注意的是不能煮得太久，否则虫子可能会煮烂而无法捞出水面。接着用家用电动粉碎机或绞肉机将虫子绞成肉浆，如果没有这些设备，可以直接捣碎备用。再把虫浆与小米、花生粉一起放在容器中搅拌均匀，放在蒸笼中蒸 15 分钟，让小米与花生粉全部蒸熟后取出，待混合物自然冷却至手感不是太凉时轻轻搓开，使混合饲料呈松散状而不是团状，平放在盘中，晾晒干后即可使用。如果一次投喂不完，可以用保鲜塑料薄膜袋装好，放在冰箱的保鲜层里。

同样的道理，可以制作虫浆谷子、虫浆面等饲料。

三、制作虫干

相对来说，制作虫干就要好做一些，即将黄粉虫制成干燥的虫体后进行保存和投喂。制作虫干的方法有两种，都是比较简单实用的，一般家庭都可以很方便地进行应用。为了以后投喂的方便，制作虫干时一次可以多做一点，只要储存得好，可以制作连续投喂 2 个月的量。虫干和虫粉均应以塑料袋封装冷冻保存。

1. 自然晾干法

取出适量的黄粉虫幼虫，用前文所述的筛子或淘米篓筛除虫粪，同时要拣除杂质，挑走死虫，再用自来水冲洗虫体。接着将处理干净后的幼虫放在沸水中煮 2~3 分钟，千万不能煮沸过久，这里的虫体会全部死亡而且身体呈直线状，有的有微蜷曲状，将虫体从沸水里捞出装入纱布袋中，在脱水机中脱水 2~3 分钟。如果没有现成的脱水机，可以使用家里洗衣机的脱水桶，也可以脱去水分，最后将简单脱去水分的虫体平铺在纸上或塑料板上，放到室外晾晒。在阳光明媚的时候，晾晒 2~3 天就可以了，待虫体完全干燥后收藏好备用；如果天气不好时，没有充足的阳光，也可以用干燥箱烘干，干燥箱的温度可以设置成 65~80℃，烘烤 5 分钟。

2. 微波炉烘干法

先用上述同样的方法处理一下虫体，然后把洁净的幼虫放在家庭微波炉中直接烘干。一次烘干量与微波盘的大小有密切关系，一般是盘大可以多烘干一些，盘小则可以少放一些，例如直径 25 厘米的微波盘可放新鲜幼虫 100 克，把虫子放好后将微波盘放在微波炉中，开启并设置大火或中火进行微波干燥，一般用中火时需要 7~8 分钟，用大火时则需要 3 分钟就可以了。经过微波处理后，黄粉虫的虫体会变得膨胀、疏松、干燥，色泽金黄，非常好看。黄粉虫干可直接饲喂百灵鸟，也可研磨成粉状物拌入配合饲料中饲喂。如果是磨粉使用时，既可以与硬料一起混合使用，也可以与粉料一起混合使用。在与硬料一起使用时，可以选用黄粟子 8 份、菜子 2 份、黄粉虫干 1 份混合搅拌即可；在与粉料一起使用时，由熟鸡蛋 1 只、玉米粉 30 克、黄粉虫粉 20 克研合而成。

四、制作虫粉

先将鲜虫用上述方法烘干后制成虫干，然后用粉碎机粉碎就成为虫粉。黄粉虫的干粉，它的饲用价值及营养成分完全可以取代价格昂贵的进口鱼粉。将制作好的虫粉再按比例加入到鸟的配合饲料中，就会配制成为鸟儿爱吃的虫子饲料了

五、活虫直接投喂

以活的黄粉虫喂养百灵鸟等鸟类已经有不短的时间了，现在黄粉虫已经成为肉食性观赏鸟类的必备优质饲料之一。用黄粉虫饲喂百灵鸟时要讲究方法，这是因为黄粉虫体内的脂肪含量和蛋白质含量都比较高，加上百灵鸟等笼养鸟又长期关养在笼里，在狭小的空间里它们缺少有效运动，如果饲喂黄粉虫过量，势必会造成百灵鸟的脂肪代谢紊乱，时间一长就会导致百灵鸟体内堆积过多脂肪，体重增加过多而患上肥胖症，特别是成年百灵鸟就像人到中年一样，更容易发胖。所以黄粉虫一般不宜做单一饲料来喂养百灵鸟，通常是和其他饲料一起

来投喂的，方法是在饲喂其他饲料的同时加喂几条黄粉虫，饲喂量一般为每只鸟每天共喂10~15条就可以了，一定要注意是分多次投喂。对于那些年轻体质好、活动量大的百灵鸟可适当多喂些，年老体弱的百灵鸟应少喂。

六、科学投喂

1. 投喂要点

在制作虫浆米时，也可以用谷子、稗子为主，同时要及时供给苏子、油菜子、青菜、苹果等。苏子、油菜子、麻子等高脂肪食物在夏季要控制在10%以内，在冬季可适当增加到15%~20%。青菜饲喂时需切碎，苹果需切成片。

2. 虫干投喂

用虫干饲喂百灵鸟时，既要特别注意虫体卫生，又要控制虫干的含水量。如果处理不卫生或者虫体含水量超过10%时，特别容易变质或发霉，鸟食用后会患肠炎而发生拉稀，严重的可导致百灵鸟死亡。

3. 活虫投喂

如果没有制成虫浆米或虫浆面或虫干时，在用活虫投喂的情况下，最好不用死虫投喂，特别在夏季，尽可能不用死虫子喂鸟，以虫粉拌入饲料中饲喂效果较好。在给百灵鸟投喂活虫时，可以用手拿着一条一条地喂，增加主人和鸟儿的互动及娱乐性。也可以用瓷罐装好活虫喂，装虫子的瓷罐要求内壁光滑，以确保虫子不能爬出罐外，当然罐内要保持干燥，不能有水及杂物。

4. 不同生长阶段的投喂

在百灵鸟的不同生长阶段，投喂的黄粉虫还是有一点区别的，亲鸟配对前要补充投喂虫浆米或鸡蛋小米，每天还要投喂10条左右的活虫。合笼后继续供给鸡蛋小米、鸡蛋玉米面和骨粉，孵化期则停用以上饲料。育雏期应补充投喂熟鸡蛋黄、虫干粉、肉粉或牡蛎粉等。

每天还要供给少量切碎的新鲜青菜、切片的水果。在换羽期要适当多喂一些虫浆米、活虫和青菜，并注意喂蛋壳以补钙，促其生长发育，使其顺利换羽。

虽然黄粉虫的成虫和蛹也可以喂百灵鸟，但是黄粉虫的蛹脂肪含量特别高，投喂时更要小心，一定不能多投，否则会使百灵鸟生长过肥或产生其他副作用。

5. 及时补钙

虽然黄粉虫本身的钙质也很丰富，但是仍然不能满足鸟儿的生长需求，因此需要定期为百灵鸟进行补钙，除了在饲料中添加钙质（如活性钙等）外，也可以将含钙等矿物质的原料拌和在粉料中，也可用乌贼鱼骨常年插在笼内，任鸟啄食，每天每只喂干料 10 克，粉料 5 克，菜叶 1 张。

6. 控制投饵量

每天投喂给百灵鸟的黄粉虫数量要得当，在自然界里生活的百灵鸟，喜欢吃食各种虫子，而且只要有虫子存在时，优先吃虫子。但在笼养时，无论是虫浆米还是干虫或鲜虫，都不能让它吃个够，必须加以控制，这是因为在自然界里的百灵鸟由于受到环境的影响和天敌的威胁，它们虽然吃了不少虫子，但是精神保持高度紧张，每天的活动量非常大，消化功能也随之增强。这一点是笼养鸟所无法比拟的，笼养鸟长期处于养尊处优的条件下，体内各种能量的补充也很充分，在狭小的笼养环境下也无法振翅高飞。如果给鸟投喂黄粉虫的量不加以控制的话，很快就会导致百灵鸟肥胖、精神萎靡、生病乃至死亡。

7. 防止百灵鸟摄食黄粉虫后生病

大多数的百灵鸟在食用黄粉虫的活虫或虫浆米后，都生长得非常好，少数鸟儿却因吃得过多而出现精神不振、翅膀散开、过度地喝水，同时排便量增加，排便次数也增加，而且排出的粪便呈稀汤样，有的鸟友就说这是吃虫子吃的，鸟儿闹肚子了，有的鸟友则说是百灵鸟换食后出现的水土不服反应。其实他们都说对了一半，真实的原因就是出现在投喂的虫子身上，让百灵鸟吃后出现了肠炎。一旦百灵鸟出现了这些症状后就要立即排查病因，在确定没有其他因素干扰后，那就可以考虑是以下原因造成的。一是投喂的黄粉虫鲜虫并不新鲜，里面有死虫或病虫。二是当时做虫浆米或晒成虫干时，所采用的黄粉虫原料也可能混有病虫或死虫，也可能是在储存过程中，发生了霉变或其他质量因素所导致的。三就是饲养过量，没有节制地投喂，加上鸟的活动量少，引起百灵鸟的消化不良或蛋白质过剩而得病。所以在投喂黄粉虫的鲜虫或虫浆米或干虫粉时，一定要掌握两个原则，一是安全，要及时清除杂物和病虫、死虫；二是适量投喂。

黄粉虫投喂量过多，百灵鸟还会发生眼角起泡、鸟的眼屎过多，有时粪便颜色还有发绿变深甚至向深褐色转变的迹象。一旦有这些症状时，就应立即停止投喂黄粉虫，多喂一些蔬菜、瓜果皮等食物。

七、做好黄粉虫的管理

养鸟爱好者既可以到花鸟鱼虫市场购买现成的黄粉虫，也可以自己养殖黄粉虫来投喂。如果是自己专门养殖的，黄粉虫的管理方法就同前文介绍的一样。但是绝大多数养鸟的朋友是从市场上买虫子回来喂的。

从市场上购买回来的黄粉虫要加强管理，着重做好以下几点工作。

1. 购买量要适宜

不要贪图便宜一次性多买，也不要图省事，一次购买一个月两个月的量。从市场上买虫子时，一般按每只百灵鸟一天吃 10 条，最多15 条计算，一次只买 1 周最多是 10 天的量，也就是每只百灵鸟一次可购买 100~150 条黄粉虫的幼虫，可供 7~10 天投喂。

2. 要确保成活

对那些一次性买回来的可供 10 天左右投喂的虫子，一定要想方设法让它成活，精心喂养和管理，不能让虫子得病更不能死亡、变质、霉烂，确保在投喂时要鲜活。具体的措施可以采取以下做法。

一是在购买黄粉虫时要抓好质量关，选择那些行动活动、色泽亮丽的虫子，从源头上减少病虫害的发生概率。

二是抓好放养关，把买回来的幼虫一定要放在预先准备好的洁净小塑料盒中或养虫箱中。如果没有这些设备，可以用家庭常用的塑料整理箱或者是深口脸盆，把虫子放进去，再在上面投入约 1 厘米厚的麦麸或玉米粉就可以了。

三是抓好喂养关，在饲养黄粉虫养鸟时，由于爱鸟人都是以暂养为目的，所以平时投喂虫子饵料时是以麦麸或玉米粉或谷糠为主，在晴天温度较高时，可以投入一些青菜叶、白菜叶、菠菜叶或一些鲜嫩的野生青草。菜叶或草要在太阳出来后采摘，既要确保叶片上不含露水，也要确保叶片新鲜，不能有发蔫的现象。把大的菜叶撕成小片投喂，投放量以 1 厘米^2 的叶片供 5 条黄粉虫吃就可以了。

如果投喂菜叶过多或菜叶上带有水分，可能会让饲养盒里的饲料发生霉变腐烂，黄粉虫易发生疾病。

四是注意虫子的变态，有的朋友在黄粉虫买回来暂养的过程中，会发现三四天后，有的虫子又不吃不动变成一团白白胖胖的家伙，而有的则变成了黑乎乎的家伙，这就是黄粉虫在变态了，幼虫先变成蛹，也就是看到的白白胖胖的家伙，而蛹又会继续生长并变态为成虫，也就是黑乎乎的家伙，在变态期和化蛹期要加强对它们的管理。

五是加强对虫体和虫粪的观察，如果发现饲料和虫粪有发生潮湿结团现象时，就要尽快清除粪便及杂物。

第九节　养殖黄粉虫饲养两栖爬行动物创业

一、用黄粉虫喂养鳖创业

鳖在我国养殖是十分广泛的，尤其是在浙江、湖南、湖北等地，养殖面积广，养殖技术高，养殖效益好。

1. 黄粉虫适合养鳖

鳖对饵料的蛋白质含量要求比较高，一般最佳饲料蛋白含量为40%～50%，因此，养殖者在长期的养鳖过程中发现用黄粉虫喂鳖效果十分理想。主要原因就是黄粉虫的蛋白质含量相当高，而且氨基酸的含量也比较高，适宜动物体吸收转化，而且据测定，鳖对饲料的脂肪及热量的需求也与黄粉虫的含量相当，因此鳖吃下去后特别容易转化为自身的营养成分，几乎没有什么浪费。所以说黄粉虫比较适宜用作鳖饲料，现在已经成为养鳖的主要动物蛋白饲料来源之一。

2. 黄粉虫喂鳖的方法

黄粉虫用来喂鳖时，可以有两种方法，一种是采用虫干或虫粉按比例掺入到饲料中，配制成专用的鳖饲料，然后再根据正常的投喂技巧和方法进行喂养；另一种方法就是用鲜活的黄粉虫尤其是幼虫来喂鳖，以鲜活的黄粉虫幼虫来喂鳖可补充多种维生素、微量元素，同时也能补充植物饲料中缺乏的营养物质，对提高鳖的活动能力、抗病能力、繁殖能力都有好处，是人工养鳖较理想的饲料。

3. 黄粉虫的投喂次数

由于鳖是一种变温动物，它的新陈代谢与生理活动、水温及气温密切相关，不过现在已经开发出恒温养殖技术，可以不让鳖进入冬眠状态。但是黄粉虫投喂鳖的次数还是与水温有关系的，水温在15℃以下时，鳖基本上是不吃食的，这时投喂黄粉虫也没有效果；水温在16～20℃时鳖的食量较小，每天投喂1次黄粉虫就可以了；当水温在20～25℃时则可增加投喂次数至2～3次；当水温在25～32℃时，是鳖食量最大、吃食最强、抢食最猛的时候，这时可多投喂几次，最好是"少吃多餐"，以保证虫体新鲜；当水温在33℃以上时，鳖又要进入夏眠状态，也不肯吃食了，这时也就不要投喂黄粉虫了。

4. 黄粉虫的投喂量

在鳖的生长季节，鲜虫的日投喂量为鳖体重的10%左右较适宜。具体判断食量的标准是采用试差法：就是在一天的投喂中，如果投喂

2~3次甚至更多次的时候,第2次投喂时要观察前1次投放的虫子是否已被鳖吃完,如果没有吃完就不要继续投喂,同时将剩余的虫子捞出;如果已经吃完了,就可以考虑再投喂一些。对于一天只投喂一次时,一定要在投喂后的1小时左右来到饵料台查看,发现有死虫时就要立即取走,同时说明投喂量有点多;如果没有死虫时,说明投喂量有点少,第2天就要多投喂一点。因此,以黄粉虫喂鳖,首先要掌握鳖的食量,投喂量以1小时内吃完为宜。

5. 投喂时的技巧

在用黄粉虫喂鳖时,将虫子放在饲料台上,由于鳖是喜欢在水中取食的,因此饲料台是被水淹没的,但不可被水淹没得太深。

由于用黄粉虫养鳖与养鸟和养蝎子是不同的,鳖虽然也可以到陆地上捕食,但是由于它的胆小,还是喜欢在水中摄食,所以在投喂时就要考虑到黄粉虫在水中的存活时间。有人做过试验,当把鲜活的黄粉虫投入水中后,由于水浸入到虫子腹部的气门,导致虫子在10分钟内由于溺水而造成无法与外界进行空气交换,从而导致黄粉虫窒息死亡。更关键的是黄粉虫全身除了水分外,蛋白质和脂肪含量特别高,在死亡后它的肌体会迅速分解、崩溃,例如在20℃以上水温时,死亡的黄粉虫2小时左右就开始腐败,从外观上看就是虫体发黑变软,然后逐渐腐烂、变臭。虫体开始变软发黑就不能作为饲料了。如此时鳖继续取食腐烂的黄粉虫,就会引发疾病。因此在投喂时一是要尽量少量多次投喂,争取让黄粉虫每次都被吃完;二是在水中的黄粉虫最好能在半小时内吃完,一旦1小时后还没吃完的就要把它拣走,以免腐败。

二、用黄粉虫喂养乌龟创业

采用这种模式养殖的黄粉虫来喂养乌龟,是有一定技巧的。如果是用大棚养殖的黄粉虫,可以在晚上直接打开塑料薄膜30厘米高,让乌龟自行摄食就可以了。如果是在养殖房里养殖的,那就要另行投喂,投喂时既可以在水中投喂,也可以在陆地上投喂。不过从养殖实践来看，还是建议养殖户采取在陆地上投喂为好，这里有两个因素，一是黄粉虫在水中存活的时间不长，如果没有被龟很快捕食，黄粉虫将会被水溺死而沉于水底；二是当把黄粉虫撒在陆地上时，黄粉虫会蠕动，更能激起乌龟的捕食欲望。如果时间充足而且讲究情趣的话，喂食时可以用镊子夹着喂，这样喂食，龟能跟人亲近，不怕人。

第十节　养殖黄粉虫饲养鱼类创业

一、用黄粉虫养鱼的优势

1. 利用鲜活的黄粉虫驯鱼、诱鱼效果好

黄粉虫的体内均含有特殊的气味，诱鱼效果极佳，而且在鱼体内易消化，养殖鱼类的成活率较高。在室外池塘养殖时，常使用活的黄粉虫来驯化鱼类，鱼群易集中抢食。例如在人工养殖鳝鱼时，刚从天然水域中捕获的野生鳝鱼具有拒食人工饵料的特点，因此驯饵是养殖成功的关键技术。常用鲜活的黄粉虫投喂黄鳝，再用黄粉虫粉拌饵投喂法来驯食人工饵料，效果明显。

2. 用黄粉虫养殖的水产品风味好

鲤鱼、甲鱼、黄鳝、乌鳢、龟等以黄粉虫、蝇蛆、蚯蚓为主要动物蛋白质饲料，它们采食了这些天然活饵后，不但生长迅速，而且体质健壮，疾病少，成活率高，口味纯正，接近天然环境下生长的产品，市场价格坚挺，因此在开发特种水产品养殖尤其是工厂化养殖时，必须解决活饵料的培育与供应问题。以鲤鱼为例，用黄粉虫养出的鲤鱼，体色有光泽，肉质细嫩、洁白，口感极佳，肥而不腻，比用人工饲料强化喂养的鲤鱼优质，而且没有特殊的泥土味。

3. 黄粉虫可使观赏鱼体色艳丽

我国观赏鱼养殖越来越多，观赏鱼的赏析越来越被重视，对它们的体色要求也越来越讲究。尤其是一些观赏珍稀类的鱼种，它们的体

色、体型更是决定观赏价值的重要因素。因此人们经过不断地摸索，发现用黄粉虫喂养锦鲤、金鱼和热带鱼，对改善观赏鱼的体色具有重要作用。它们抵御疾病的能力增强，体态更加丰腴美观，鱼体发亮，色泽更加亮丽鲜艳，增色效果明显而且不易脱色。由于鱼类摄食方式多为吞食，投喂的黄粉虫虫体不可过大，否则鱼不能吞食，每次投虫量也不可过多，以免短时间内不能吃完，出现虫子腐败现象。

4. 作为饲料添加剂

黄粉虫体内含有丰富的赖氨酸、苏氨酸和含硫氨基酸，这些氨基酸都是谷物蛋白质所缺乏的，另一方面饵料生物同时含有丰富的促生长物质、酶、激素等也是谷物蛋白质所缺乏的，因此将黄粉虫制成添加剂就可以起到和谷物饲料互补的作用。据报道，利用黄粉虫粉添加于饲料中，可以替代进口鱼粉。

二、黄粉虫的投喂方式

用黄粉虫喂养鱼类时，投喂方式主要有两种。一种是对于那些凶猛性鱼类也就是肉食性鱼类来说，可以直接将鲜活的黄粉虫投喂给它们，还有就是对于那些观赏性的鱼类可以一条一条地喂给它们鲜活的黄粉虫幼虫，在喂饵的过程中领略赏鱼的乐趣；另外一种就是对于集约化养殖时，主要是以黄粉虫干或粉作为添加剂或原料之一，取代昂贵的鱼粉，配制成颗粒饲料来喂鱼，这在高密度养殖如网箱养鱼中最常用。

三、投喂活的黄粉虫要注意的事项

许多家庭都有养殖观赏鱼或观赏龟的爱好，这些宠物都是喜欢在水里吃食的，因此黄粉虫也是投喂在水中的。所以在这里再次重点重申一下，投喂活的黄粉虫要注意的事项就是投喂的时间和投喂量。黄粉虫在水中约 10 分钟之后，它的腹部气孔会被水堵住而导致死亡，死亡后很快就会腐烂。如果投喂的黄粉虫量大，短时间内吃不了，又没有及时地将这些死虫清理出来，那么时间一长，它们腐败后就会迅速污染水质，从而鱼也会随之得病，甚至死亡。

第十一节　养殖黄粉虫饲养蜥蜴创业

蜥蜴的种类很多，也是一种世界性的宠物，在我国常见的有东南亚翠绿蜥、北草蜥、长尾鬣蜥、丽纹龙蜥、水龙、绿鬣蜥、豹纹守宫、变色龙、平原巨蜥等。

一、饲养容器

要求饲养容器的长度超过蜥蜴的长度，越大越好，至少有一边的长度是体长的 2.5 倍。底部以沙或石做铺垫，放块沉木或石块供其栖息，缸中置一水盆，水以晾晒过为佳，供其饮水与洗澡。

二、通风

所用的饲养容器应通风良好，避免容器内过于闷热，对蜥蜴有害健康。如果是用铁丝网做的饲养箱，通风当然不成问题。如果是采用那种完全密封盖顶的养鱼用的玻璃缸或水族箱的话，最好在旁边设有通风孔。建议最好采用专用的爬虫饲养箱。

三、黄粉虫投喂

蜥蜴都可以喂食鲜活的黄粉虫。如果食物以黄粉虫为主，1~2天喂一次，一次可吃6~10条幼虫。黄粉虫在投喂时不要放在水中，而是放在沙石上，如果两天后发现有死亡的幼虫时，要立即拣出，重新投喂鲜活的虫子。但要注意的是，以黄粉虫为主要食物时，容易发生钙质与维生素摄取不足，这时可喂食蔬菜、水果等，应添加专用营养添加剂。

第十二节　养殖黄粉虫喂养其他动物创业

由于黄粉虫本身具有的优势特性，因此在养殖界特别是宠物观赏界，人们更是将黄粉虫列为驯食、养殖那些肉食性、食虫性和杂食性动物的优选食物，因此据了解，目前用于各种养殖的动物中就有几十种。由于投喂黄粉虫的技巧也很简单，这里就不再进行一一阐述了。各地朋友可根据当地的养殖情况、养殖对象的大小及数量、养殖对象的吃食情况，结合黄粉虫的来源情况，采取适合自己宠物养殖的饲喂方式，尤其是用鲜活黄粉虫投喂时一定要注意饲喂中的质量问题，不能让病虫或死虫感染自己的宠物。

现在宠物界又有一种新宠拟步甲，它也是主要以黄粉虫为食物的。拟步甲和黄粉虫一样也是完全变态动物，它的幼虫和成虫都爱吃黄粉虫，但是在化蛹时不能投喂黄粉虫，以防黄粉虫再以没有任何躲避能力的拟步甲蛹为食物。

拟步甲是南方较为广布的一种大步甲，也是此属大步甲种的一个典型种，个体硕大，颜色艳丽，金属光泽尤其强烈，是一种新兴的观赏宠物。在养殖时可以用花鸟市场上常见的中号饲养箱，垫上5厘米以上的拌湿过的园土，铺一点湿苔藓保湿，加几块树皮便于其活动。一龄幼虫就可以喂食小型的黄粉虫幼虫，一天每只拟步甲1龄幼虫可吃1条黄粉虫的小幼虫，1龄幼虫进食4~5天以后停食，然后蜕皮。2龄幼虫体格较大，这时既可以投鲜活的小黄粉虫，也可以投喂大的黄粉虫，只是大的黄粉虫最好切成两半，再投喂。2龄幼虫进食1周左右，开始停食，此时应用含腐殖质较少的园土，加水拌湿润以后供幼虫下土化蛹。化蛹时的拟步甲是不能投喂黄粉虫的。在蛹羽化为成虫后，可以再投给黄粉虫的幼虫了，一天每只拟步甲可吃3~4条黄粉虫的幼虫。

第五章 准备好黄粉虫的饲料是创业的重要条件

在少量养殖黄粉虫时，可以利用麦麸、瓜果、青菜等粗饲料来喂养，能有效地利用这些农村最常见的资源，转化为明显的经济效益。但是如果是在大规模养殖黄粉虫时，单纯的饲喂麦麸等粗饲料就不合要求了。一方面这些新鲜的粗饲料在种植和保存上有时间的限制，不能保证一年四季都能满足黄粉虫的养殖所需；另一方面就是黄粉虫的不同虫态期，它们的生长发育对营养的需求并不完全一致，因此全部都用一样的粗饲料就不能体现规模化养殖的效果。所以，要想规模化养殖黄粉虫取得最佳的经济效益，就要给它正常生长发育所需要的全价营养优质饲料。可以根据不同的虫态、不同的虫龄、不同的季节、不同的饲养方式、不同的养殖目的以及虫体所需要的不同营养配比，结合当地的自然资源和优势资源给予不同的且科学饲料原料和配方。

第一节　粗饲料来源与加工利用

黄粉虫所需的营养成分与高等动物基本相同，其饲料中必须含有蛋白质、糖类、脂类、维生素和无机盐等营养成分。由于黄粉虫的食性较杂，所以它的饲料来源非常广泛，而且也比较简单方便。常见的有各种粮食、麦麸、玉米面、豆饼粉、花生饼粉、芝麻粉、豌豆粉、各种农作物秸秆、油料、米糠、树叶、苏丹草、黑麦草、野草及糖果渣沫等。新鲜的菜类主要是白菜、青菜、生菜、萝卜、南瓜、冬瓜、西葫芦、土豆等，幼虫还吃榆叶、桑叶、桐叶、豆类植物叶片等，用以补充维生素、微量元素及水分的需要，要注意这些蔬菜要没有农药

残留。另外有的配合饲料还添加少量葡萄糖粉、鱼粉等。

纵观现在养殖的情况，黄粉虫的饲料主要来源还是以农副产品及食品加工副产物等为主。

一、麦麸

麦麸俗称麸皮，通常是用小麦磨成粉后的产品，有许多地方也将小麦精加工后的下脚料称为麦麸，它是饲养黄粉虫的传统饲料，也是目前最主要的饲料原料之一。同时以各种无毒的新鲜蔬菜叶片、果皮、西瓜皮等果蔬残体作为补充饲料，为维生素和水分的来源。麦麸主要是由种皮、外胚乳、糊粉层、胚芽及颖稃中的纤维残渣等组成，与一些籽实类饲料原料相比，具有粗蛋白、粗纤维、B族维生素及矿物质等含量高，淀粉含量低的优点，加之它的质地疏松、容积大、吸湿性强，具有一定的轻泻性，属于一类低热能饲料原料。

麦麸约占麦粒总重的23%，余下的有4%左右的次粉，0.8%左右的粉头。我国的小麦麸分类方法较多，按加工程度可分为精粉麸和标粉麸；按品种可分为红粉麸和白粉麸；按制粉工艺中产出物的形态、成分，又可分为大麸皮、小麸皮、次粉和粉头等，显然大、小麸皮是麦麸的主体。一般大麸皮是指60%通过40目筛、2%以上通过60目筛的麸皮，呈片状，容重180～260克/升。小麸皮是指70%通过40目筛、20%以上通过60目筛的麸皮，形状较细，容重210～350克/升。次粉和粉头是指由较细皮部碎片糊粉层、胚芽及少量胚乳组成的混合物，比小麦麸细，数量较少。

小麦品种对麦麸品质影响较大，一般由硬质冬小麦所产的麦麸蛋白质含量高于软质春小麦，由红皮小麦所产的麦麸蛋白质含量高于白皮小麦麸。小麦麸的粗蛋白含量为12%～19%，氨基酸组成较佳，富含维生素，也含有植物酶，黄粉虫对它的吸收率要优于米糠。

用麦麸为原料配制的饲料，主要是用来饲喂幼虫和供繁殖育种用的成虫，确保繁殖所需要的营养。如果用麦麸、玉米面、豆饼粉、花生饼粉等多种混合糠粉为原料发酵而成的生物饲料已经被广泛运用于工厂化规模养殖中，可以有效地降低饲料成本，提高经济效益。

二、农作物秸秆

从广义上讲，秸秆作为一类重要的农业有机废弃物资源，伴随着原始农业、畜牧业产生。农作物秸秆主要是指玉米秸秆、玉米芯、麦秸、豆秆、高粱秸秆、油菜秸秆、稻草、花生藤、花生壳、木薯秸秆、剑麻渣、甘蔗渣、木屑、豇豆藤、红薯藤等，是这些农作物在收获果实后留下的废料。它们的主要成分是纤维素、半纤维素和木质素，还含有一些其他营养物质，如维生素、果胶质、脂肪等。

作物秸秆是世界上最为丰富的物质之一，在我国农村是一种相当丰富而且来源便宜又方便的资源，在每年大约 50 亿吨的纤维素资源中，这些秸秆就达到了 1/9 左右，尤其是玉米秸、麦秸、稻草等三大类秸秆更是占到 85% 以上。每年在收获季节，全国各地狼烟四起，到处在焚烧这些秸秆，不但浪费了丰富的自然资源，也对环境造成了极大的破坏。因此开辟这些秸秆资源来养殖黄粉虫具有极其重要的意义，对整个农业的发展将是一个十分重要的贡献。

这些饲料中含有的纤维素、半纤维素在一般情况下难以分解，其他的营养成分也因胶质的包裹而不易被一些家禽、牲畜等直接利用，如果直接投喂，黄粉虫对它直接消化吸收利用也存在一定的困难。因此在投喂前，必须要经过一段时间的发酵及微生物处理后方可使用。发酵及微生物处理的目的是将这些农作物秸秆中的纤维素、半纤维素以及多聚糖等进行软化，降解成低分子的、易吸收利用的小分子碳水化合物后，同时部分被微生物所利用，合成游离氨基酸和菌体蛋白，才能方便被黄粉虫利用。

用农作物秸秆发酵饲料来投喂黄粉虫，不但生产成本低，而且营养丰富，是理想的黄粉虫补充饲料。但是，目前的研究结果表明，秸秆发酵饲料只能作为规模化养殖黄粉虫的一个补充饲料来源，还不能完全替代全价配合饲料，若要取得最佳的经济效益，还是需要研制专用的配合饲料。

三、米糠

米糠是指糙米加工细米时分离出来的种皮、糊粉层和外胚乳等组成的混合体，一般出糠率约 8%，米糠的营养价值和麦麸一样，取决于糙米的加工细度。

鲜米糠的适口性好，营养价值相当于玉米的 85% 左右。含蛋白质约 13%，氨基酸中的赖氨酸含量较高，约 0.81%，蛋氨酸约 0.26%，约为玉米含量的 1.5 倍。

另外，在稻谷加工成大米过程中，还会产生两种糠类，这也是饲养黄粉虫的原料之一。一种糠是砻糠，是指稻谷加工成糙米后脱下的外壳，该外壳含粗纤维 46%、粗灰分 21%、无氮浸出物 28% 等。另一糠则是统糠。统糠又可分为两类，一种是稻谷一次加工成白米而分离出来的糠，该糠约占稻谷总量的 28%；另一种是将加工分离出来的米糠人为地与砻糠相混合而成的一种糠，按混合比例通常分为"一九"糠、"二八"糠、"三七"糠等，该糠的品质完全取决于米糠所占的比例。

四、果渣

果品经过罐头厂、果酒厂、饲料厂加工后，通常被废弃的下脚料称为果渣，这果渣包含有果核、果皮、果浆等，经过适当加工后就可以成为黄粉虫的优质饲料。果渣的利用在国际上已经被广泛开发，主要是应用于养殖动物的饲料中。例如苏联、美国、英国、加拿大等国已将苹果渣、葡萄渣和柑橘渣作为猪、鸡、牛的标准饲料成分，列入国家颁布的饲料成分表中。苏联利用苹果、葡萄、柑橘和蔬菜的加工下脚料每年生产 400 万~500 万吨烘干渣粉饲料。以色列等国也将果渣进行提取并用于鱼饲料中，在养殖中效果非常好。但是在我国，由于科技应用的局限性，加上人们长期以来对果渣的不重视，导致大量的果品加工下脚料尚未得到合理的利用，有的甚至直接排放江河或弃作垃圾，有的则是作为燃料进行燃烧，既浪费资源又污染环境。因此，目前在我国饲料粮短缺而果渣的潜在资源很大的情况下，开发利用这部分资源具有很重要的意义。经过有关研究表明，黄粉虫对各类果渣的转化能力很高，在经过简单的处理后就可以用来饲喂黄粉虫，可大大降低养殖成本。

五、各种饼粕类

饼粕是一些含油量较多的籽实经过榨油或其他成品、半成品的提炼后而最终留下的副产品，它的主要种类有大豆饼粕、菜籽饼粕、花生饼粕、棉仁（籽）饼粕、芝麻饼粕、葵花饼粕、椰仁粕、豌豆粉和羽扇豆粉等多种。

这类资源在我国非常广泛，取材方便，是黄粉虫优质的饲料原料，建议养殖户充分利用各地资源优势，因地制宜，变废为宝，降低养殖成本，提高经济效益。

六、蔬菜

利用蔬菜作为黄粉虫养殖的含水饲料，目前最常见，利用范围也最广泛。蔬菜不仅可以提供适量的水分，而且可以调节养殖环境内的湿度，为黄粉虫提供最佳的生存环境。

根据经验，如果投喂的蔬菜水分过多，极易使饲养箱内的湿度变大，造成霉变现象，导致黄粉虫患病，有时这种损失是无法挽回的，也是十分巨大的。因此建议养殖户在采收蔬菜时最好在早上 9 时左右采收，尽量不要在有露水的情况下采收，阴雨天也要少采摘果蔬，一旦没有食物来源，急需蔬菜时，要将有水珠或有露水的蔬菜稍微晾干后再投喂。

通常供黄粉虫养殖用的蔬菜有白菜、青菜、菠菜、蕹菜等叶菜类。

七、饲草

这些饲草的种类很多，大多数是渔业用草、牧业用草、禽业用草等，

由于它们种植简单、采收方便，营养价值较高，而且单位产量极高，完全可以满足规模化养殖黄粉虫的饲料需求，所以有不少养殖户也专门开辟了种草养虫的技术路线，实践证明，这是一条不错的好路子。

1. 苏丹草

苏丹草是一年生草本植物，是当前世界上栽种最普遍的牧草和渔草，为一种很有价值的高产优质青饲作物。苏丹草具有高度适应性，我国各地几乎均能栽培，它的最大优势就是产量很高，在适宜的条件和合理的管理技术下，一亩田可年产鲜草1.8万千克左右。

苏丹草在分蘖后生长迅速，有资料表明，在高温高湿的适宜条件下，一昼夜它的茎秆可生长7厘米左右，且再生能力极强，从5—8月间可每10天就能刈割一次。

黄粉虫对苏丹草的利用可以分为两部分，一部分是利用它的茎、叶，用苏丹草的茎叶饲喂黄粉虫时的方法同用蔬菜叶喂虫子是一样的。鲜嫩的苏丹草是黄粉虫的幼虫所喜欢的好饲料。另一部分可以利用的就是它成熟后的秸秆，在苏丹草经过多次的刈割后，最后老熟，在采收完它的种子后，可以将剩下的秸秆同玉米秸秆一样的处理方法进行处理后，用来饲喂黄粉虫。

2. 黑麦草

黑麦草有多年生和一年生两种，建议在投喂黄粉虫时，为了节约劳动成本，可以栽种多年生黑麦草。黑麦草生长快、分蘖多、繁殖力强，茎叶柔嫩光滑，品质好，它的新鲜的茎叶是黄粉虫养殖的优良新鲜饲料。黑麦草对土壤要求不严，几乎所有的地方都能种植，养殖户可因地制宜，利用房前屋后的空闲地种植，极有利于发展黄粉虫的养殖。而且黑麦草再生能力强，不怕践踏，在刈割后能很快恢复长势。用黑麦草投喂黄粉虫的方法同蔬菜投喂相同。

第二节　饲料的配方

发展黄粉虫养殖业，光靠麦麸和蔬菜等天然饵料是不行的，必须发展人工配合饵料以满足养殖要求。尤其是在人工饲养黄粉虫时，不能长期只喂一种饲料，单纯地投喂麦麸等饲料会造成饲料的浪费和利用不充分，应该投喂多种饲料制成的混合饲料，这样才能满足黄粉虫生长、发育、繁殖所需要的各种营养物质，保证其正常生长发育和繁殖。否则，黄粉虫得不到足够的营养物质，仅能维持生命，生长发育受阻、虫体变小，繁殖力下降；另外，不同的虫龄、不同的虫态、不同的季节、不同的养殖目的，虫体所需的饲料营养配比也有差异，所以人工配合饲料的研制对规模化养殖黄粉虫来说是必需的。

我国各地养殖黄粉虫的养殖户相当多，加上全国各地的饲料原料也不尽相同，所以各地开发出的饲料配方也比较多。在本书中，我们做了大量的工作，收集了全国各地众多行之有效的饲料配方，以帮助读者朋友，但是各地的养殖户朋友还是要根据本地的优势资源，按虫体生长状况和饲料来源、配方质量、经济状况及饲料成本等因素，灵活掌握，自行调整选择适合自己实际情况的饲料配方，不可生搬硬套、固守一方。

一、幼虫配合饲料的配方

配方1：麦麸70%、玉米粉24%、大豆粉5%、食盐0.5%、饲用复合维生素0.5%。

配方2：麦麸40%、玉米粉40%、豆饼18%、饲用复合维生素0.5%、混合盐1.5%。

配方3：麦麸70%、玉米粉21%、大豆8%、饲用复合维生素1%。

配方4：麦麸40%、玉米麸37.5%、豆饼20%、复合维生素1%、混合盐1.5%。

配方5：麦麸70%、玉米粉25%、大豆4.5%、饲用复合维生素0.5%。若加喂青菜，可减少麦麸或其他饲料中的水分。

配方6：麸皮70%、玉米粉20%、芝麻饼9%、鱼骨粉1%。加开水拌匀成团，压成小饼状，晾晒后使用。

配方 7：高纤维素农林副产品，如木屑、麦草、稻草、玉米秸、树叶等，经发酵处理后可用来饲养幼虫。

配方 8：麦麸 100 克、葡萄糖 20 克、胆固醇 0.5 克、氯化胆碱 0.02 克、核黄素 0.5 毫克、水 40 毫升。

配方 9：鱼粉 20%、豆粕 56%、酵母 3%、麦麸 17%、矿物质 1%、其他添加剂 3%。

配方 10：鱼粉 17%、啤酒酵母 2%、玉米粉 78%、血粉 1%、复合维生素 1%、矿物质添加剂 1%。

配方 11：鱼粉 10%、蚕豆粉 35%、血粉 1%、啤酒酵母 2%、玉米粉 50%、复合维生素 1%、矿物质 1%。

配方 12：血粉 5%、大豆饼 35%、玉米淀粉 33%、小麦粉 25%、生长素 1%、矿物质添加剂 1%。

配方 13：100 克 EM 原露、100 克红糖、15 千克水、50 千克干燥的青饲料。将配制好的液体均匀洒于饲料中，并搅拌均匀，装入塑料袋、桶、缸等容器中，或用薄膜覆盖均可，压实密封。发酵 4~10 天即可作饲料喂养黄粉虫。

配方 14：麦麸 35%、玉米粉 40%、豆饼 24.5%、饲用复合维生素 0.5%。

配方 15：苏丹草粉 24%、玉米粉 47%、豆饼 27%、饲用复合维生素 0.5%、混合盐 1.5%。

配方 16：麦麸 40%、黑麦草粉 30%、豆饼 28%、其他矿物质 2%。

配方 17：麦麸 80%、玉米粉 10%、豆饼 9%、饲用复合维生素 1%。

配方 18：麦麸 80%、玉米粉 10%、豆饼 10%。

配方 19：麦麸 45%、米糠 45%、鱼粉 10%、添加少量的复合维生素。

配方 20：麦麸 90%、玉米粉 5%、豆饼 4.5%、混合盐 0.5%。

配方 21：麦麸 65%、玉米粉 28%、大豆 6%、饲用复合维生素

1%。若加喂青菜，可减少麦麸或其他饲料中的水分。

配方 22：麦麸 70%、玉米粉 20%、芝麻饼 9%、鱼骨粉 1%。加开水拌匀成团，压成小饼状，晾晒后使用。也可用于饲喂成虫。

配方 23：麦麸 50%、玉米粉 30%、豆饼 18%、饲用复合维生素 0.5%、混合盐 1.5%。本配方也可用于饲喂成虫。

配方 24：麦麸 60%、鱼粉 5%，玉米粉 10%、20% 的草粉或果蔬残体，食糖或蜂王浆水稀释液 2%，饲用复合维生素 1.5%、混合盐 1.5%。

二、生产性成虫配合饲料的配方

配方 1：麦麸 45%、玉米粉 35%、豆饼 18%、食盐 1.5%、饲用复合维生素 0.5%。

配方 2：麦麸 80%、玉米粉 10%、花生饼 9%、其他（包括多种维生素、矿物质粉、土霉素）1%。

配方 3：麦麸 60%、碎米糠 20%、玉米粉 10%、豆饼 9%、其他 1%。

配方 4：麦麸 40%、玉米粉 40%、豆饼 18%、饲用复合维生素 0.5%、混合盐 1.5%。

配方 5：花生麸 38%、玉米粉 40%、豆饼 20%、复合维生素 1%、混合盐 1%。

配方 6：麦麸 50%、豆粕 34%、玉米粉 10%、芝麻粉 5%、其他 1%。

配方 7：麸皮 80%、玉米粉 10%、芝麻饼 9%、鱼骨粉 1%。

配方 8：麸皮 70%、玉米粉 20%、芝麻饼 9%、鱼骨粉 1%。

配方 9：劣质麦粉 95%、食糖 2%、蜂王浆 0.2%、复合维生素 0.4%、饲用混合盐 2.4%。

配方 10：鱼粉 13%、玉米粉 42%、大豆粉 36%、啤酒酵母 3%、维生素添加剂 2%、矿物质添加剂 3%、食盐 1%。

配方 11：鱼粉 5%、麦麸 72%、大豆蛋白 4.4%、啤酒酵母 3%、玉米粉 12%、氯化胆碱（含量为 50%）0.3%、维生素添加剂 1%、矿物质添加剂 2.3%。

配方 12：花生麸 45%、玉米粉 38%、豆饼 15%、复合维生素 1%、混合盐 1%。

配方 13：麦麸 38%、米糠 44%、鱼粉 17%、复合维生素 1%。

配方 14：花生麸 10%、麦麸 2%、豆粕 80%、鱼粉 4%、食糖 2%、复合维生素 0.8%、混合盐 1.2%。

配方 15：麦麸 15%、大豆粉 3%、复合维生素 1%、豆粕 81%。

配方 16：麦麸 10%、花生粉 43%、蚕豆粉 45%、复合维生素 1.2%、混合盐 0.8%。

配方 17：麦麸 20%、玉米粉 4%、大豆 3%、食糖 3.5%、复合维生素 0.5%、酒糟 69%。

配方 18：麦麸 25%、鱼粉 6%、玉米粉 4%、食糖 4%、复合维生素 1.2%、混合盐 0.8%、酒糟 59%。

配方 19：麦麸 20%、鱼粉 5.5%、食糖 4.5%、复合维生素 1.2%、混合盐 0.8%、果渣 68%。

配方 20：花生麸 10%、玉米粉 5.5%、复合维生素 1%、果渣 83.5%。

配方 21：麦麸 76%、鱼粉 2%、玉米粉 16%、食糖 4%、饲用复合维生素 0.8%、混合盐 1.2%。此配方适用于产卵期的成虫，可延长成虫寿命，提高产卵量。

配方 22：纯麦粉（质量较差的麦子或麦芽等磨成的粉）93%、玉米粉 2%、食糖 2%、蜂王浆 0.2%、饲用复合维生素 0.4%、混合盐 2.4%。

配方 23：劣质麦粉 90%、食糖 2%、玉米粉 5%、蜂王浆 0.2%、复合维生素 0.4%、饲用混合盐 2.4%。主要用于饲喂作种用的成虫。

配方 24：麦麸 58%、马铃薯 27%、胡萝卜 14%、食糖 1%。

配方 25：麦麸 70%、玉米粉 10%、面粉 5%、豆渣 3%、细米糠 10%、白糖 2%配制。

三、产卵成虫配合饲料的配方

配方 1：麦麸 75%、鱼粉 5%、玉米粉 15%、食糖 3%、食盐 1.2%、饲用复合维生素 0.8%。

配方 2：纯麦粉 95%、食糖 2%、蜂王浆 0.2%、饲用复合维生素 0.4%、混合盐 2.4%。

配方 3：麦麸 70%、玉米粉 15%、鱼粉 9%、食糖 4%、复合维生素 0.8%、混合盐 1.2%。

配方 4：纯麦粉 80%、食糖 7%、玉米粉 10%、蜂王浆 0.2%、复合维生素 0.4%、饲用混合盐 2.4%。

配方 5：麦麸 75%、鱼粉 4%、玉米粉 15%、食糖 4%、饲用复合维生素 0.8%、混合盐 1.2%。

配方 6：麦麸 55%、土豆 30%、胡萝卜 13%、食糖 2%。

配方 7：麸皮 70%、玉米粉 20%、芝麻饼 9%、鱼骨粉 1%。

配方 8：玉米粉 100 克、麦麸 150 克、豆粕 15 克、酵母 15 克。

配方 9：花生麸 70%、玉米粉 13%、麦麸 12%、食糖 3%、复合维生素 0.8%、混合盐 1.2%。

配方 10：花生麸 80%、豆粕 12%、鱼粉 5%、食糖 3%。

配方 11：大豆（饼、粉）5%、玉米粉 35%、麦麸 50%、豆渣粉 5%、饲用复合维生素 0.5%、饲用混合盐 1.5%、果皮粉或蔬菜残体 1.5%、味精 1%、酵母粉 0.5%。

配方 12：豆饼 18%、玉米麸 40%、麦麸 40%、饲用复合维生素 0.5%、饲用混合盐 1.5%。

配方 13：各种果渣生物蛋白饲料 80.5%、大豆 4%、玉米粉 5%、麦麸 10%、饲用复合维生素 0.5%。

配方 14：各种果渣生物蛋白饲料 70%、鱼粉 4%、玉米麸 5%、麦麸 15%、食糖 4%、饲用复合维生素 0.8%、饲用混合盐 1.2%。

配方 15：各种饼粕粉生物蛋白饲料 85%、大豆 2.5%、玉米麸 2%、麦麸 10%、饲用复合维生素 0.5%。

配方16：各种饼粕粉生物蛋白饲料75%、玉米麸2%、鱼粉4%、麦麸15%、食糖2%、饲用复合维生素0.8%、饲用混合盐1.2%。

配方17：酒糟渣粉70%、鱼粉4%、玉米粉5%、麦麸15%、食糖4%、饲用复合维生素0.8%、饲用混合盐1.2%。

第三节　饲料的科学投喂

少量养殖黄粉虫时，对投喂工作也没有太多的讲究，只要是看到食物少了及时添加即可，但是在规模化养殖时就要算经济账，毕竟规模化养殖时是大批量投喂的配合饲料，而且饲料的成本占所有养殖成本的70%以上，所以，作为养殖者就不能不考虑科学投喂的问题了。

第一是饲料投喂最好采用配合饲料。实践证明，在喂养中，使用混合饲料生长较快，喂单一饲料时生长较慢，还会导致品种退化。

第二是饲料投喂最好采用多品种投喂。养殖中，不论是幼虫还是成虫，一定要给予两种以上饲料原料制成的混合饲料，不可单喂一种饲料，这样才能满足黄粉虫生长发育繁殖所需要的各种营养物质，保证其正常生长发育和繁殖。在生产过程中，如果长期饲喂一种饲料，不论这种饲料营养有多高，也会导致黄粉虫发生厌食或少食、营养不良、恹懒少动、多病和死亡率增高等现象。最终的结果是导致黄粉虫得不到足够的营养物质，仅能维持生命，生长发育受阻，成虫产卵量明显减少或提前结束产卵期，繁殖力下降，幼虫生长缓慢、体色变黯、个体变小或大小不均衡，影响产品质量。有的养殖户因长期单喂青菜，将黄粉虫变成了"菜青虫"，结果发生了大面积死亡现象。

第三就是不同的季节投喂时有一定的差异性，根据进食情况，一般在夏季高温时生产快速，每天早晚喂食1~2次即可，每次投喂量要适当，以在第2次投喂时基本无剩余为宜。在夏季若是有充足的青饲料及瓜果皮等，只投干饲料也可。在冬天因温度低，黄粉虫吃食要少一些，消化能力也差一些，可3~5天投食1次。在冬季因温度低时食量少，也可单用麦麸喂养，或加适量玉米粉。因黄粉虫食性较杂，除了饲喂麦麸外，尚需补充蔬菜叶或瓜果皮，以及补充水分和维生素 C，但这时候的青菜不要投喂太多。

第四是防止饲料污染，若在市场购买青菜饲料，为防止农药危害黄粉虫，一定要经清洗浸泡 2 小时左右再投喂，虽然黄粉虫很少病害，但决不能投放发霉的物质。

第五就是黄粉虫幼虫、成虫均喜欢摄食偏干燥一点的饲料，饲料的含水量掌握在 10% ~ 15%为宜。如果饲料的含水量过高，在投喂时会和虫粪混合在一起，时间一长就会发生霉变变质的情况，黄粉虫一旦摄食了霉变的食物后，很容易罹患各种疾病，从而降低了幼虫成活率，即使到了蛹期也不易正常完成羽化过程或者羽化的成活率非常低。所以在投喂时一定要严格控制饲料的含水量，方法是在投喂前用手握法简易测试即可，轻轻地用手将饲料握起成团，松开后会自行散碎，但是没有积水现象。

第六章 黄粉虫的引种、育种与繁殖是创业的基础

第一节　黄粉虫的引种

一、黄粉虫引种的必要性

1. 黄粉虫种质退化的原因

在养殖黄粉虫时，基本上就是采用当时的种虫一代一代地往下繁殖而来的，甚至多少代都是用的同一种源。黄粉虫在长期的人工养殖过程中，由于这种近亲繁殖、长期对温湿度不适、投喂饲料简单而且营养成分单一和养殖方法不当等原因，都会逐渐导致品种退化问题，在这里面最主要的退化原因就是长期近亲繁殖造成的。

2. 黄粉虫种质退化的表现

黄粉虫种质退化时，在各期的虫态上都有明显的表现：主要表现为虫体的抗病能力下降，幼虫表现为食欲下降，生长缓慢，个体较小，蜕皮后的增长倍数也减少；蛹表现为质量下降或提前化蛹，在化蛹期间容易腐烂变黑变坏，造成损失；成虫表现为活动能力下降，生命缩短，个体的产卵减少，群体的繁殖力降低；虫卵表现为卵的孵化率降低、孵化后的成活率不高或者是孵化后的畸形率增加等。

二、黄粉虫驯化与引种

黄粉虫在引种前，通常需要进行一定的驯化，让它适应当地的生态环境和气候条件等自然因素后，才能确保引种的成功。这是因为黄粉虫品种特性的形成，与自然条件之间存在十分密切的关系。各种虫态类型的黄粉虫群体，均具备自身一定的生长发育规律和特点。不同区域适应性的黄粉虫群体，若引种不当，则会造成死亡或生殖力下降。引种经验表明，有些类群在引种初期不太适应，经过几年以后就适应了，这就是所谓的驯化。总之，环境生态适应性相近的地区之间引种容易成功，环境生态适应性差别大的地区之间，也可以引种，但要经过适当的驯化，因此引种与驯化工作要密切配合。

三、引进虫种时的要点

引种时首先要确定引种目标，明确生产上存在的问题和对引种的要求，做到有的放矢，才能提高引种的效果；其次是必须了解原产地的生产条件，以及拟引进种的生物学性状和经济价值，便于在引种后采取适当措施，尽量满足引进种对生活环境条件的要求，从而达到商品虫高产、稳产的目的；再次就是了解供种单位的一些基本情况以及虫种的基本信息。

四、虫种的引进与选择

在黄粉虫的养殖中，品种的选择非常重要，这是因为长期以来，一些供种单位基本上是采取封闭式养殖，他们提供的虫种有许多都是近亲交配、数代混合饲养，已经出现严重的退化现象。根据了解，有的养殖户引进了不好的虫种，结果虫子养殖了一个夏季和一个秋季，个体仍然较小，总是不化蛹，这将会给养殖带来毁灭性的打击，所以，在人工规模化养殖时一定要做好优质虫种的引进。

1. 老熟幼虫的特点

引种时最佳虫态是引进蛹期，3 个月以上的老熟幼虫食欲较差，在将要化蛹时，活跃的幼虫均分布在四周，而即将化蛹的都处于饲养箱的中央不动。此时的老熟幼虫对温、湿度要求相对不高。因此，在引种回去之后，应少加麦麸，以薄为好，勤喂勤观察，喂菜时，要把菜放在四周。

2. 引种前的准备工作

黄粉虫的繁殖肯定是在室内进行的，根据种虫的生长特点和生活习性，它对环境要求不高，因此旧仓库、厂房、地下室均可，但要求通风良好、安静，饲养前要对旧房进行消毒处理，以防敌害，主要是蛇、鼠、蚁的侵袭。

3. 种虫与商品虫的区别

种虫个体健壮，活动迅速，体态丰满，色泽光亮，大小基本均匀，成活率高。而商品虫个体明显瘦小，色泽乌暗，大小参差不齐，成活率低，产量达不到要求。

4. 引种时对"李鬼"的识别和防范

近几年来，由于黄粉虫、蝎子、蛙类等特种养殖业丰厚的利润回报，促进了特种养殖在我国的蓬勃发展，但随之而来的"李鬼"往往给一些渴望发财致富而又不懂技术的农民养殖户上了一堂生动的"假冒伪劣良种"坑人课，不但使广大养殖户深受其害，而且给黄粉虫养殖业的健康持续发展带来相当严重的负面影响。笔者根据多年的生活生产经验，将当前存在的多种"李鬼"现象列出供大家参考。养殖户一旦遇到，可立即向有关部门如消费者协会或相关职能部门投诉，索取赔偿，情节严重、损失惨重、影响恶劣的，可以诉至法庭，将不法分子绳之以法。

（1）假单位　一些个体投机者或某些行骗公司挂靠科研机构往往租借某些县（市）科技大楼（厦）某层某间房屋做临时营业场所，其实与这些单位没有任何关系。他们大打各种招牌广告，如某某黄粉虫技术科技公司、某某黄粉虫养殖有限责任公司、某某黄粉虫繁育基地等等，由于这些投机者一方面借"名"生财，租借政府部门的科技楼作为办公地点，更具有隐蔽性和欺骗性，往往给养殖户带来一种假象："那是政府办的，假不了！"大大损坏了政府部门的形象，也大大伤害了农民兄弟的致富心情；另一方面，由于这些地方交通便利易寻，因而上当的人特别多。其实，这些皮包公司根本没有黄粉虫的试验场地和养殖基地，仅租借几间办公室，几张办公桌，一部电话，故意摆些图片、画册、宣传材料来迷惑客户。一旦部分精明的客户或养殖户提出到现场（或养殖基地）参观访问或看生产设施，他们往往推诿时间太紧、人手太忙或养殖基地太远，不太方便，或者到某一私人的黄粉虫养殖场，说是他们的科研部门和场地，从而达到"拉虎皮做大旗"的目的。更有甚者，一旦进入他的势力范围，立马变脸，不"放点血"别想走人。

（2）假广告　这几年来，关于特种养殖业方面的广告及人体保健、性病方面的报纸广告泛滥成灾，是顽固的"牛皮癣"。这些广告形形色色，各地都有，主要来自湖北的武汉、湖南的湘潭、河南、浙江等部分"高新科技公司"的杰作，他们自编小报，到处邮寄，相当部分内容自吹自擂，言不由衷，水分极大。笔者两年来共收到200多份广告报纸，有的内容一成不变，有的内容雷同，仅将题目或单位变一下即可。

这些虚假广告对一些朴实的老百姓来说还是有相当大的诱惑力，有些养殖户朋友轻信某些广告上的说辞，这些广告把黄粉虫养殖说成是没有任何风险、一本万利的最佳致富项目，而这些养殖户朋友往往怀着急于脱贫的心理，因此就会误入圈套。

（3）假品种　有不少不法商人为了牟取暴利，以次充好，利用养殖户求富心切，对特种养殖业的品种、质量认识不足且养殖水平较低的现象，趁机把劣质品种改名换姓为优良品种，或将商品充当苗种让养殖户引种，大肆出售且高价出售，给养殖户造成极大的经济损失。如相当一部分投机者将市场上商品黄粉虫回收，充当优质的种虫高价出售，坑害不知情的初养户。所以初养者最好到正规的、信誉好的企业引种，以免上当受骗。

（4）假技术　一般而言，这些"李鬼"是由几个人拼凑而成，或为上城打工的青年农民，或为部分"混混"，根本不懂专业技术，更谈不上专业人才及优秀的大学毕业生作为技术后盾，不可能提供实用的种养殖技术，他的技术资料纯粹是从各类专业杂志上拼凑或书籍上摘抄，胡吹乱侃，胡编乱造，目的是倒种卖种，进行高价炒作苗种。

（5）假合同　也就是存在合同欺诈行为，这些坑人单位为了达到卖种虫的目的，还会伴装和你签产品回收的合同，这些表面看来确有赚头，可是合同中早已埋下"地雷"，主要一条就是将回收条件订得十分苛刻，价格压得极低，养殖户朋友很难达到这种产品的要求。因此可以这样说，这种合同就是一纸空文，对坑人单位没有任何约束力，但对养殖户朋友而言，却被视为可望而不可即的水中月、镜中花而已。

（6）假回收　根据本人的了解，一些不法商人和不法企业利用广大养殖户想养殖黄粉虫来获取高利润的心理，并允以产品回收的幌子来坑害、蒙骗养殖户。这些单位和个人十分了解黄粉虫养殖的周期，通常利用产品回收的周期即将到来之前，会突然消失，或者往往还未到回报期，那些公司就携款而逃，改头换面在另一个地方重新做广告，重新坑人，而受骗的养殖户往往有冤无处诉。

（7）假效益　一些小报为了扩大影响，利用农民急需致富的心理，用高利吊起养殖户发财的胃口，大打算盘账，甚至算出"养殖1 000对种虫就可以收益20万元"的闹剧。

（8）积极防范　针对以上的情况，本人郑重向养殖户朋友友情提示，没有永赚不赔的买卖，要充分考虑黄粉虫养殖的风险。

首先是政府部门要加强自律。部分机关不能过分地强调小单位的经济利益，尤其是现在许多乡镇农技机构经过多次改制后，自主经营、自负盈亏的经营方式让他们对这些蝇头小利趋之若鹜，除了经营农资农具外，还被那些打着"为民服务、技术服务"的骗子所利用，结果骗子们利用了朴实的老百姓对政府科技部门和农技部门的信任，大肆行骗。因此这些农技部位一定要认清他们的真面目，除了真正为老百姓提供有用的信息、有价值的新产品、新技术外，还要加强自身的学习，减少被利用的机会。

其次是执法部位加大打击力度。相关执法部门一定要加大对这些坑农、害农的骗子的打击力度，让他们成为过街老鼠，无处藏身，无法再有立足之地，也就无法欺骗那些质朴的老百姓了。

再次是在引种时要提高警惕。农民兄弟们在遇到"快发财、发大财"的信息时，要保持清醒的头脑，冷静分析，切莫轻信"李鬼"一面之词，应到相关职能部门深入了解，多向科技人员请教，把心中的疑问尤其是种苗的来源、成品的销售、养殖关键技术等问题向科技人员请教，特别注意要对信息中的那些夸大数字进行科学甄别。然后根据科技人员的意见，作出正确的规划方案，切实可行再引种不迟。签订合同前，进行必要的调查和咨询，了解经营者真实情况，拜访以前成功的养殖者，向当地权威部门查询其可行性。

最后就是要加强维权意识。农民兄弟在购买种苗时一定要注意苗种的鉴别，防止以次充好，以假乱真；在选择供种单位应谨慎行事，到熟悉的单位引种，同时向供种单位索要并保留各种原始材料，如宣传材料、发票、相关证书及其他相关说明。合同签订后，最好到当地公证部门进行公证。一旦发现上当受骗，自身合法权益受到侵害时，要立即向相关部门举报，依法维护自己的权益。

5. 优良虫种的标准

根据一些专家长期研究的结果和生产实践中的经验，总结了优良虫种的标准主要有以下几条。

首先是虫体个体大，要比一般幼虫的个头大一点，在数字量化方面，要求达到每千克3 500~4 000只。

其次是生活力强，这是决定将来产卵量多少的基本要求，在投喂时要求不挑食，爬行快速，运行活跃，黑暗的养殖环境中不停地活动，如果把虫子放在手心时，会迅速爬动，它们的爬动会让人感到手心有明显的痒痒的感觉。

第三就是形体健壮，色泽金黄，体表发亮，充实饱满，体壁光滑有弹性，腹面白色明显，在优质后代中选择更优质的老熟幼虫，即可避免种虫退化。

第四就是规格大，个头大，通常要求作为种虫的黄粉虫体长在3厘米以上，具有生长速度快的优势，总体看群体大小要一致、发育要整齐。

第五就是群体的雌雄比例在 1：1 较为合适。

第六就是考察它们群体以前的繁殖量，如果每代繁殖量在 280 倍左右即为一等虫种，也是养殖户优先选择的虫种。如果每代繁殖量在 220 倍左右，即为二等虫种，对引种的养殖户而言，这也是不错的选择。如果每代繁殖量在 120 倍左右，即为三等虫种，对引种的养殖户而言，选上这些虫种，只能是无奈的选择，但如果回去加以淘汰、提纯复壮，效果还可以。如果每代繁殖量在 90 倍以下，就算是不合格虫种，对引种的养殖户而言，这是绝对不能接受的。

第七就是观察它们的化蛹率，好的虫种产出的卵，经一定时间养殖后，在一个世代中，它们的化蛹病残率应低于 5%，羽化病残率应低于 8%。

6. 优质虫种介绍

在饲养生产的初始阶段，应直接选择专业化培育的优质品种，例如山东农业大学昆虫研究所已经培育出 GH-1、GH-2、HH-1 等几个品种，就是他们长期研究、提纯、复壮和杂交选育的成果，分别适宜于不同地区及饲料主料，可选择利用。

第二节　黄粉虫的育种

在任何养殖业或种植业中，品种对生产的效应都是巨大的。在黄粉虫生产中，品种效应同样十分重要，没有好的种源则无法进行大规模或工厂化养殖。

一、黄粉虫良种选育的概念

对于刚刚从事黄粉虫养殖的人来说，良种的来源是个大问题，有不少有志于黄粉虫养殖的人往往是从花鸟鱼虫市场上购买一些现成的黄粉虫作为种虫，殊不知，目前这些在市场上流通的黄粉虫种虫大多数是多年来同一群虫种已繁殖过数十代的后代。由于多次的近亲繁育，导致大多数虫种已有明显的退化现象，例如虫子的个体小，生长期延长就是不化蛹，亲本黄粉虫的繁殖量低，而且易患病，死亡率很高，养殖户买回去想快速繁育扩大种群的愿望往往就会落空。有的养殖户买了幼虫后回家养了近一年，个体依然很小，也不化蛹，有的可以化蛹，但是繁殖的后代质量极差，常出现残疾个体。

而对于那些长期从事黄粉虫养殖的人来说，也常常为种质资源的事头疼不已，由于得不到优质的新鲜的种群供应，他们养殖的黄粉虫产量也越来越低，大规格的虫种比例也越来越低，经济效益当然受影响，因此如何及时对黄粉虫进行更新换代就成为制约养殖进一步快速发展的瓶颈。

为了确保黄粉虫养殖业的持续健康发展，一定要注意品种的更新，如同其他养殖业一样需要选种和育种，这种选种和育种，统称为良种的选育。

二、黄粉虫的选种

1. 选种

顾名思义，选种就是选择良种的意思，又称为系统育种、选择育种。它是对一个原始材料或品种群体实行有目的、有计划地反复选择淘汰，从而分离出几个有差异的系统。将这样的系统与原始材料或品种比较，使一些经济性状表现显著优良而又稳定，于是形成新的品种。选择育种是黄粉虫育种工作中最根本的方法之一，选择育种的根据是品种纯度的相对性和利用原始材料或品种群体中的遗传变异性。

2. 选种的作用

选择育种的作用主要有 3 点：首先它可以有效地控制变异的发展方向；其次是可以促进变异的积累加强；再者它可以创造出黄粉虫新的品质，从而成为最有特殊养殖价值的一个新品种。

3. 选择育种的原则及方法

选择育种的主要目的是从某一原始材料或某一品种群体中选出最优良的个体或类型。在选择时要通过鉴定比较和分析研究，同时应掌握以下几个原则：一要选择适当的原始材料，这是进行选择育种的基础；二是要及时在关键的时期进行选择，这是确保选择育种成功的最重要一步；三是按照主要性状和综合性状进行选择的原则。

选择育种的方法主要有以下 4 种。

第一是家系选择：根据某个性状或某几个性状明显优于其亲属生产性能的混有不同类型的原始群里选出一些优良个体留种，建立几个或若干个家系并繁殖后代，逐代与原始群体及对照品种相比较，选留那些符合原定选择指标的优良系统，进而参加品系的产量测定，这个过程就叫做家系选择，家系选择实际上就是对黄粉虫优良基因型的选择。

第二是亲本选择：又称后裔鉴定，它是根据后代的质量而对其亲本作出评价的个体选择方法。根据后裔鉴定结果决定对其亲本的取舍，由于它对质量和数量性状的选择较为有效，因此被广泛应用而且效果显著，最大的优点是能够决定一个显性表型个体是纯合体还是杂合体，这对黄粉虫的选择育种是至关重要的。

第三是混合选择法：是指从一个原有品种的群体中，按照选育目标选出的多数表型优良的个体，通过自由交配来繁殖后代，并以原有品种和当地当家品种作为对照，进行比较、鉴定，这种方法就叫做混合选择法，又叫集体选择。效果取决于所选择性状的遗传力及控制该性状的基因特点。

第四是综合选择法：这是一种可连续地进行家系选育、混合选择和后裔鉴定的方法。具体方法是在第一阶段时建立几个家系，进行异质型非亲缘的虫种杂交，从而选出最好的家系；第二阶段主要是在 2~3 个较好的家系中进行再次选择；第三阶段是根据所选择进行繁育的后代的表现来检验并鉴定黄粉虫的亲本。

4. 黄粉虫的选种

在养殖黄粉虫的过程中，可在众多的养殖群体中选择比较好的个体，进行单独养殖、单独培育，然后专门留下来作种用，这是目前黄粉虫良种的一个主要来源。选种的标准一般为个体较大、色泽鲜亮、健康无病、活动能力强的个体。一旦选中并作为优良的种子来培育时，这些种虫应从幼虫期加强营养和管理，提高它们的增长倍数和身体素质，特别在成虫期，可以考虑配制专门用于选育的饲料。在饲料中可添加蜂王浆等可刺激繁殖产卵的添加剂，在投饵时勤喂蔬菜，适当增加复合维生素，维持适合黄粉虫生长发育的最佳的环境温度、湿度，保持适宜的密度，经常清理虫粪，经过这些技术措施也能提高黄粉虫种的质量和增加产卵量。现在市场上有许多炒种子的广告，那些广告商或供种公司都宣称自己拥有选育的新品种，实际上就是从一些黄粉虫里进行选择良种的结果，根本很少有所谓的新品种，养殖者在购种时要注意鉴别这一点。

三、黄粉虫的育种

1. 育种

育种就是应用多种遗传学方法，改造黄粉虫的遗传结构，从而培育出高产优质更具养殖性能的新品种。简单地说，育种就是培育黄粉虫的新品种。

品种是人们创造出来的一种生产资料，是由同一祖先通过人工选育而来的，具有一定形态特征和生产性状的群体，可用于生产或作为遗传学研究的材料。而通常所说的优良品种就是指那些生产量较高、质量较好且具有比较稳定的遗传性状的品种。按照它的来源可以将品种分为3类：第一类是自然品种；第二类是人工育种，也称育成品种；第三类就是过渡品种，它是介于两者之间的品种。

2. 黄粉虫的育种方法

相对于黄粉虫的选种来说，黄粉虫的育种过程比较复杂，一般有两种途径进行选育：一种是自然种群复壮；另一种就是杂交育种。

3. 自然种群复壮

和黄粉虫的选种有相同之处，区别就是黄粉虫的选育是在自己养殖的群体里进行，而以自然种群复壮的方式进行育种则是需要捕捉在自然界中的天然黄粉虫，先进行单独饲养繁殖，然后再与人工养殖的种群混合繁殖，通过这种方法来减少种性退化现象。由于野生黄粉虫往往生命力强，对外界不良环境的适应能力强，自身的抗病力也强，当它与家养的黄粉虫种群交配后，可以有效地提高现有种群的质量，从而达到种群提纯复壮的目的。有时出于条件的限制，自然环境下的黄粉虫数量不足以选育后代时，也可以采用异地的黄粉虫和家养的黄粉虫进行交配来选育。在用异地同种的黄粉虫进行种群优化时，主要是选取个体大、产卵多、疾病少、色泽黄亮和健康活泼的老熟幼虫进行杂交育种。这样也能使不同地域的黄粉虫优势互补，得到个大、高产和抗病力强的优良后代。

4. 杂交育种

杂交育种是最经典的育种方法。通过不同类型的亲本进行杂交，可以获得基因的重新组合且类型丰富的杂交后代，一般所希望出现的也是最有可能出现的就是双亲优良性状的组合。所以育种过程就是要在杂交后代的众多类型中选留符合选育目的的个体来进一步人工培育，一直到符合要求的新品种的优良性状得到稳定而且能遗传下来。在黄粉虫中应用广泛的是品种间杂种优势的利用，比如黄粉虫和黑粉虫的杂交。

杂交育种的原则有4点：一是要有丰富的亲本材料，即在一个种内要有多个品种，或有多种地理种群或有多种生态类群；二是要熟悉亲本的性状和遗传规律，特别要注意的是应该选择纯合型的类型作为亲本；三是要选用生态类型差异较大或亲缘关系较远的亲本，这样可以利用互补优势，充分发挥双亲的优良性状，这也就是通常我们所说的远距离杂交优势；四是要选择具有隐性纯合遗传标记的亲本，这一点对于保证杂交亲本的纯正是十分重要的。

杂交育种依目的不同，有如下几种方法。

增殖杂交育种：指的是经过一次杂交之后，从杂种子代优良个体的子代自群交配繁殖的后代选育新品种。但是，必须注意，只有当两个群体杂交所产生的后代能综合双亲的有益性状并能作为下一代的亲本时，才可以采用这种育种方法。

回交育种：适用于把某一群体（或种、品种）的一个或几个性状引入另一群体中去的育种。回交育种进行若干世代后，需要自群繁殖（即近交），使新选出的杂交后代获得的性状得以稳定并传给后代，以形成足够大群体的新品种。

复合杂交育种：将3个或3个以上品种或群体的性状通过杂交重组在一起，培育出新品种的方法，称为复合杂交育种。

5. 黄粉虫的杂交育种

就是用黄粉虫与黑粉虫进行杂交，产生的杂交一代杂种可产生正常的子二代。在杂交时，对亲本的选择是有讲究的，在选择时要挑选健康强壮的黄粉虫亲本和黑粉虫优势个体做亲本，两者交配时通过基因重组使杂交后代得到互补。由于黄粉虫具有生长快、繁殖系数高、蛋白含量高等特点，而黑粉虫有生长周期长、饲养成本高、营养成分比较全面等特点，将黄粉虫与黑粉虫进行杂交育种后，就可得到优势互补的功效，能使黄粉虫杂交品种生命力强，生长发育较快，繁殖率高，商品虫的营养更加丰富，但杂交种生长期较长。杂交育种是一项复杂的技术问题，需要在长期养殖过程中逐步进行。由于黑粉虫养殖不普遍，所以大多数黄粉虫养殖户主要采取第一种提纯复壮的方法来选育优良品种。

四、黄粉虫与黑粉虫杂交

为了取得更好的杂交品种，通常是采用黄粉虫与黑粉虫杂交，但是不同的杂交方法，产生的后代还是有一定区别的，这就要求在选育时要把握好亲本雌雄的选择以及杂交的方法。

用黄粉虫作父本与黑粉虫作母本进行杂交和用黄粉虫作母本与黑粉虫作父本进行杂交，两者的后代是有一定区别的。据研究和生产实践表明，它们在杂交2个月后，杂交后代会表现出一定的性状分离，这种性状分离可以从外部形态上来观察。如果是以黑粉虫作母本，黄粉虫作父本时，杂交出来的后代中黑粉虫的比例偏大，个体性状表现大多接近于黑粉虫的性状特征。而以黄粉虫作母本，黑粉虫作父本时，杂交后代中黄粉虫的比例偏大，个体性状表现大多接近于黄粉虫的性状特征。通俗地说，黄粉虫的杂交后代体现了"母系氏族"的特点。

杂交后的黄粉虫个体在生长性能上表现显著，具有生长较快、个体较大的特征，与正常个体有显著差异，仅仅这一点就具有了杂交优势，是值得进一步选育和培养的。另外，杂交后的蛹个体也比以前的蛹显得较大，在幼虫期表现为杂交种养殖时间短、化蛹较早，蛹体更宽，而且成虫的性状表现介于黄粉虫和黑粉虫之间，鞘翅的颜色不是很黑，近于褐色，亮泽适中。

五、对黄粉虫种质优化的影响因素

1. 不同品种杂交对黄粉虫种质的影响

不同品种黄粉虫杂交能使黄粉虫种质得到恢复，从而能获得个体大、生长速度快、生殖力高和抗病力强的优良后代。这就是利用了在不同养殖环境下的黄粉虫种群进行杂交时，是可以得到优势互补的功效，也能在一定程度上使黄粉虫获得生长发育较快、繁殖系数提高的效果。

2. 饲料对黄粉虫种质优化的影响

虽然黄粉虫的饲料来源很广泛，而且几乎对饲料没有什么选择性，但是还是建议养殖户采用优质的饲料或经科学配制的颗粒饲料来喂养黄粉虫，其中一个重要的原因就是饲料对黄粉虫种质优化有显著的影响，尤其是黄粉虫成虫的繁殖力大小，取决于食料营养价值的高低或多寡。简单地说，这种影响表现为饲料优良，将来培育出来的种质或可供下一代繁殖、养殖用的幼虫质量就好，生长速度就快，怀卵量和产卵量就高，群体增殖倍数就高，养殖效益就好。

曾经有人做过相关的试验，他们在用单一饲料进行黄粉虫的养殖试验时，结果发现不同的饲料对黄粉虫的养殖有明显的不同效果：用麦麸饲喂的成虫寿命最长，产出的卵也最多，平均产卵300多粒，这就是在养殖时基本上以麦麸为主要饲料的原因；用面粉饲喂的成虫寿命也比较长，产出的卵也比较多，平均产卵接近 300 粒，养殖效果仅仅次于麦麸；用黄豆粉（包括蚕豆粉、黑豆粉、绿豆粉等）饲喂的寿命稍短一些，产的卵也更少一点，平均产卵约 250 粒；而以面团（与面粉虽然来源相同，但是养殖效果迥然不同）饲喂的寿命最短，平均产卵 200 多粒。另外在以麦麸为主要饲料进行养殖时，如果在饲料中添喂适量的马铃薯或胡萝卜等淀粉含量高的食料时，成虫的寿命相应会延长 15% 左右，产卵量也会增加 30% 左右。在产卵期，给成虫投喂优质配方的饲料，提供足够的营养，可延缓成虫的衰老，延长产卵期，提高产卵量。由此可见，提供适宜的饲料可对种群优化起到积极的作用。

3. 养殖密度对黄粉虫种质优化的影响

黄粉虫的一个特性就是群居性，它们喜欢群居生活，尤其是黄粉虫幼虫更是喜欢集群生活。但是这种集群是有限度的，并不是一味地高密度群居，这是因为黄粉虫的养殖密度对种质优化也有着显著的影响。

合理的高密度是有利于黄粉虫的养殖的，因为在高密度的群体生活中，出于动物的本能，能引起黄粉虫的幼虫相互之间形成取食竞争机制，这种竞争的好处就是能引起彼此快速进食和发育成长。由于黄粉虫本身存在几个虫态，而且在蜕皮和变态时极易受到侵害，因此如果在养殖密度过大而且投饵不足或食物缺乏时，轻则会出现生长缓慢的现象，重则因相互竞争激烈而造成自相残杀现象，导致养殖的黄粉虫死亡率较高，造成极大的损失。

那么合理的放养密度是多大呢？考虑到密度对黄粉虫生长发育的影响及工厂化养殖的要求，我们认为采用 4~6 条/厘米^2 的饲养密度比较适宜，具体到一个 0.5 米^2 的养殖盘，以养殖 2 万~3 万条（2.5~3.5 千克）较为合适。

养殖密度对种质优化到底有什么影响呢？在一定的放养范围内，密度越大，幼虫生长就越缓慢，它的变态期和发育期也就越长，结果导致化蛹延迟和化蛹率降低，使得整体发育速度缓慢。这是因为密度过大，幼虫能获得的饲料空间变小，从而导致它们的生长性能降低，这样的黄粉虫是不宜留做种用的。

另外，在过低密度下养殖的黄粉虫也不宜留种，这是因为低密度的幼虫由于获得饲料空间较大，相对取食容易，竞争力变小，导致它们好吃懒动、行动迟缓，造成幼虫个体较大、较肥，生长期也拉长，这种黄粉虫留做后代显然是不利于以后的养殖与增殖的。

因此我们在选育种质时一定要在合理密度条件下养殖的群体中进行选择。

第三节　黄粉虫的繁殖

一、繁殖设施

黄粉虫的繁殖设施很简单，主要是产卵筛，供成虫养殖和采卵用，同时又是分离虫卵、虫体及饵料的工具。产卵筛的筛框为 50 厘米×50 厘米×10 厘米。框内壁要磨光滑，以防虫外爬。筛底部钉 30 目铁纱网，网下缘钉上 0.3 厘米的方木条，贴上稍厚的产卵纸。产卵筛上口大、下口小，以使两筛上下扣结，便于多层饲养。最上层产卵筛口盖上 30 目铁纱网，以防外逃和筛除虫粪用。

饲养架和养虫架也是必不可少的，为分层框架，主要是用来放置产卵筛用的。

产卵器具的放置：黄粉虫喜欢暗处产卵，不要让强烈的光线刺激它，以利生长繁殖。因此，要把产卵器具放在光线暗的地方，或用黑布遮挡，或放入暗室。黄粉虫产卵时，是在产卵筛里进行，雌虫将特尖的尾部产卵器官向下并对准网目将卵产在接卵纸上，产卵器具上层为产卵筛，中层为接卵纸，底层为产卵筛外套。

二、雌雄鉴别

黄粉虫雌雄区分也很简单，主要是看两点，一点是个体大小，另一点就是看产卵器。根据解剖观察发现，雄虫个体较小，细长，尾部无产卵器。雌虫个体较肥大，尾部很尖细，有产卵器，且向下垂，能伸出甲壳外，此时在生理上已经成熟，进入繁殖期。

三、繁殖要点

1. 亲本养殖

优良品种的繁殖应与生产商品虫的养殖分开，饲养亲本的任务是使成虫产下大量的虫卵，在此期间需要补充较好的营养，提供一个黑暗而宽松的环境，种群密度不宜过大。将成虫同日羽化的单养在产卵箱里，产卵箱的规格长、宽、高分别为60厘米、40厘米、15厘米的木箱，按每箱投放1 500~1 800条成虫的密度放养，产卵箱内壁要用塑料薄膜订好，以免成虫外爬和产卵不定位。在底层装一块塑料窗纱或筛绢，供产卵用，使卵及时漏下去，不至于被成虫吃掉，纱网下面放一张接卵纸，以便于集中收集卵粒。在成虫饲养过程中，要多投喂麸皮、配合饲料及菜叶，使成虫分散隐蔽在叶子下面，保持较稳定的温度。然后再按照温度和湿度盖上白菜，如果温度高、湿度低时多盖一些，蔬菜主要是提供水分和增加维生素，随吃随加，不可过量，以免湿度过大菜叶腐烂，致使成虫容易生病，降低产卵量。优良的成虫饲料应营养丰富，蛋白质、维生素和无机盐要充足，必要时可加入蜂王浆。饲料含水量控制在10%左右，成虫在生长期间不断进食不断产卵，所以每天要投料1~2次。为保持湿度和饲料含水量，还可适量洒水和投放菜叶。

2. 交配

黄粉虫在繁殖期雌雄比一般为1：1，成虫羽化后经过4~5天开始交配产卵，具有多次交配、多次产卵行为，交尾后1~2个月内是产卵高峰期，黄粉虫交配时间是下午8时至凌晨2时，交配过程遇光刺激往往会受惊吓而终止。所以在养殖过程中，为了配合即将交配的成虫，在成虫期应安排一定的黑暗环境，同时要减少外界对成虫的干

扰。根据观察，并不是所有的成虫都在养殖后能交配成功的，因为它们交配时对温度也有要求。当温度在 20℃ 以下或达到 32℃ 以上时就很少交配，在人工控制条件下，合适的交配温度宜控制在22~30℃。

3. 产卵与收卵

成虫有向下产卵的习性，产卵时伸出产卵管穿过铁纱网孔，将卵产在基质（麦麸等）中。因此，产卵盒内的产卵基质不可太厚而贴近筛网，否则成虫会将卵产到网上的麦麸中，发生食卵现象而影响繁殖。刚产出的虫卵为米白晶荧色，椭圆形，一面略扁平，有光泽。为了减少卵的损失，我们可以在产卵前用接卵纸（报纸、白纸均可），上面铺一薄层基质，放在筛网下接成虫所产的卵，这样成虫就会将绝大部分卵产于产卵纸上，少量卵黏于饲料中，可以最大限度地预防成虫吃卵。

在这段时间里要及时取出产卵纸，并换上新的产卵纸，一般7天左右更换一次，但在成虫产卵盛期或产卵适温季节接卵纸最好每5天更换一次。先筛出残料，接着换上新的接卵纸，最后再添加麦麸等产卵基质。虫粪和黏于其中的卵连同更换下的产卵纸移入空养虫箱中，标好产卵日期，把同一天取出的卵粒放在一起进行孵化后饲养，以免所出的幼虫大小不一，影响商品虫的质量与价格。

还有一种收卵方式，就是用标准饲养盘来收卵。这种收卵的方式就是用饲养器具中的标准饲养盘，在饲养盘的底部垫上一白纸，上铺0.5~1.0厘米厚饲料，每盒中投放6 000只（3 000雌：3 000雄）成虫，成虫就可以将卵均匀产于产卵纸上，虫卵一般群集成团状散于饲料中，卵壳较脆，极易破碎，卵面被黏液粘着的饲料或粪沙等杂物包裹起来，起到保护作用。每张纸上2天即可产10 000~15 000粒卵，每隔2天取出一次，然后按日期将它们放在一起孵化。这种收卵方式有一个缺点，就是会有部分卵散落于饲料中，造成一定的损失。

4. 产卵后的成虫处理

成虫产卵2个月后，雌虫会逐渐因衰老而死亡，未死亡的雌虫产卵量也显著下降，因而饲养2个月后就要把成虫全部淘汰，以免浪费饲料和占用产卵箱。方法是将成虫用沸水烫死，烘干供制虫粉用。每箱可采黄粉虫卵 1.8 万~2.2 万粒，约可供扩种 100 箱的虫种。

5. 孵化

将收集好的卵纸放到另一个标准饲养盘中，做成孵化盘。先在标准饲养盘底部铺设一层报纸、纸巾纸、包装用纸等废旧纸张，在纸上面覆盖 0.5~1 厘米厚的麸皮作为基质，然后在基质上放置第一张集卵纸；在第一张集卵纸上，再覆盖 0.5~1 厘米厚基质，中间加置 3~4 根短支撑棍，上面放置第二张集卵纸；如此反复，每盘中放置 4~5 张集卵纸，不可叠放过重以防压坏集卵纸上的卵粒，共计约 40 000~50 000 粒卵。然后将孵化盘置于孵化箱中或置于温湿度条件适宜卵孵化的环境中。将要孵化时逐渐变为黄白色，长 1~1.5 毫米、宽 0.3~0.5 毫米，肉眼一般难以观察，需用放大镜才能清楚地看到。1 周后取出，进入幼虫培养阶段。

研究表明，卵的孵化与温度和湿度有极大的关系。所以说繁殖期是管理的重要时期，卵的孵化时间随温度高低差异很大，一般随温度的升高，卵期缩短，温度降低则延迟孵化。温度如果在 15℃ 以下，虫卵基本不会孵化；在 15~18℃ 时，需 20~25 天便可孵出；当温度为 19~22℃ 时，卵期为 12~20 天；25~30℃ 时，湿度为 65%~75%，麦麸湿度 15% 左右时，只需 3~5 天即可孵出。刚孵化的乳白色幼虫十分细软，尽量不要用手触动，以免使其受到伤害。为了缩短孵化时间，尽可能保持室内温暖。如果温度控制不好，就会导致虫卵发霉而死亡，湿度过小也会因干燥而死亡。因此，产卵期间要将室温控制在 23~28℃，相对湿度 65%~75%，虫卵的孵化率可达 99%。

第七章 **黄粉虫的贮存与运输是创业的最后一公里**

黄粉虫的运输技术是生产环节中十分重要的问题之一，一定要引起养殖者的重视，在运输前要做好预案。当黄粉虫进行规模化生产时，虫种及大批量生产的商品黄粉虫以及黄粉虫的加工产品必然会遇到贮存和运输方面的问题，尤其是在商品黄粉虫和虫种的销售、调运过程中，必须进行活体运输。根据目前的运输技术和运输条件，可以这样说，运输是黄粉虫活虫流动的一道难关，因此科学运输就是一个关键过程，也是养殖户之间进行黄粉虫活体交易和养殖企业向外供种的一个要点。近年来，有许多养殖户由于运输不科学，造成黄粉虫不同程度的死亡，为了将损失降到最低，根据养殖户的经验，特将运输技术作一概括，以供养殖户朋友进行参考。

第一节　黄粉虫的贮存

一、活体黄粉虫的贮存

有时由于生产量大，一时没有销售出去或者给其他的经济动物没有喂完，而为了保证给特种经济动物饲喂时黄粉虫必须是保持鲜活的，这时可以将黄粉虫活体临时低温或冷冻贮存。在-5℃以下的温度，黄粉虫停滞发育，可以长期保存而且在解除冷冻后还能恢复到成活状态。

二、鲜体的冷冻贮存

由于某种原因虫子太多，必须进行冷冻贮存。在冷冻前应将黄粉虫主要是幼虫或蛹进行清洗，除去杂物和粪沙，也可以用煮或烫的方法让虫子立即快速死亡，确保整虫仍处于新鲜状态。然后立即用保鲜袋包装好，等自然凉至室温后放入冰箱里冷冻，在-15℃以下的温度保存，可以保鲜6个月以上，需要时可以随取随用，在快速解冻后可以作为新鲜饲料使用。

三、干虫和虫粉的保存

在室温干燥的条件下，加工干虫和虫粉的保存时间可以达到2年以上，但要经过熏蒸处理，防止仓储害虫的危害，避免在高温高湿条件下长期存放。在贮存过程中必须采取必要的措施防止各类仓储类害虫的危害。熏蒸处理就是干虫或虫粉在储存前要经过熏蒸处理，以保证贮存物内无有害生物。

四、商品虫的干燥

商品虫的干燥方法较多，可根据实际情况选择合适的方法。如果条件一般的可以利用电烘箱烘干；条件较好的可以用微波炉或微波烘干机干燥；条件比较差但当时的天气晴朗时可采用直接晾晒干燥的方法等途径。

微波干燥黄粉虫就是先把待加工的黄粉虫放入专门用的物料箱里，然后把该物料箱放在连续运转的传送带上，送入微波室。物料进入微波室后，即刻被微波杀死并迅速膨化，然后继续受微波作用而脱水，从而达到干燥和膨化的目的。

第二节　黄粉虫的运输

在商品黄粉虫和虫种的销售、调运过程中，需要经常进行活虫的运输。

一、运输时间

适宜黄粉虫的运输时间是在每年的春秋季，如果夏季和冬季也要

运输，一定要做好防暑降温和加温保温的工作，以减少黄粉虫的伤亡。在夏季，如果遇高温天气最好在夜间或清晨或阴雨天气运输较安全，成活率在90%以上。在冬季，要计算好时间，最好在白天就要完成运输任务。

二、运输虫态

在进行黄粉虫良种的运输、引进或商品虫的异地利用时，必须要根据各种虫态情况而采取不同的运输方法。根据实践表明，黄粉虫的各个虫态时期都可供运输，一般可以分为活体运输、虫卵运输和加工原料虫体或虫粉运输，但是从运输成本和成活率角度来看，还是运输虫卵比较划算，也最方便最安全，只要保证卵纸不积压、不折弯，基本上不会造成太大的损失。运输大龄幼虫最划不来，主要是因为在运输时需要大量的虫粪或饲料，这无形之中就增加了成本。一般是不将成虫和蛹作为运输对象，一些特殊情况除外。

我们建议，远距离运输以邮寄卵纸为主要方式，也可以将卵同产卵的麦麸或虫粪一起邮寄。运输卵（卵卡）最为方便与安全。只要保证卵（卵卡）不积压过度，基本不会造成损失的情况。

短距离运输可以运输各种虫态的黄粉虫，根据虫态不同又可以分为静止虫态（卵、蛹）和活动虫态（幼虫、成虫，以幼虫为主）两种方式。

三、运输容器与容载量

黄粉虫幼虫可用袋装、桶装或箱装。用编制袋装虫及虫粪，每袋装3~5千克，然后平摊于养虫箱底部，厚度不超过5厘米，箱子可以叠放装车；用桶装或箱装运时，每箱（桶）装10千克比较安全。箱子不能加盖，以便通风散热，这样的包装一般不会造成黄粉虫的大量死亡。

具体的容载量，要根据容器大小、气候条件来确定装载量，一个基本原则就是要保证相互之间不要挤压、碰撞。还有一点要注意的就是要尽可能地避免黄粉虫在运输过程中受到反复惊扰和震动，从而引起应激性反应，最终会导致容器内的温度在短时间内升高，而导致黄粉虫死亡。

商品黄粉虫主要是指大龄幼虫和蛹，其鲜虫可分为活体和冷冻保鲜虫。条件较好的养殖场储运冷冻鲜虫则需建有冷藏库，远距离运输要使用专用的冷藏运输车，就基本上能满足黄粉虫的运输要求了。

四、运输要点

在运输时为避免互相挤压出现死亡，需要在运输包装箱袋内掺入黄粉虫重量 30%～50% 的虫粪及 10%～20% 的饲料，与虫子搅拌均匀。这些麦麸饲料或虫粪可以起到隔离作用，有减少虫体间接触，并有吸收热量降低温度的作用，可以有效地减少伤亡。在运输卵纸时要用塑料盒或其他容器包装好，不能在运输过程中受到挤压、折断等伤害。

在夏季运输时，由于本身大气温度较高，再加上运输过程中群体过大造成的局部高温死亡，此时可用数只冰袋或结成冰块的矿泉水放入虫袋（箱）中，有直接降温作用。实践证明，用此法运输较为安全，很少发生死亡现象。根据试验表明，在夏季如果不采取防暑降温措施，一袋 10 千克的虫体经过 2 小时左右的运输，袋里的温度可以升高 5℃ 左右，从而导致虫子因高温而死亡。在气温低于 5℃ 时，应考虑如何加温的问题。所以建议养殖户在运输时，一旦外界温度达到 27℃ 时，最好不要运输活虫，以免造成不必要的损失。一个曾经发生的例子，就是有一个养殖户到某养殖公司购买虫种，花了大约 3 万多元，然后就立即装运回家，当时的室外温度在 28℃ 左右，6 小时后到家，里面装运的虫种已经全部死亡，当养殖户赶到公司讨要说法时，公司却以客户自己不恰当运输为由拒绝赔偿，结果导致双方反目，打了好久的官司，没有一人是赢家。这其中最主要的根源就是在运输时没有考虑到黄粉虫对高温的承受能力，因为运输箱内的温度已经达到或超过了 35℃，而这个温度正是黄粉虫的致死温度，所以会导致黄粉虫在很短的时间内全军覆没。为什么室外温度才 28℃ 左右，远远低于黄粉虫的致死温度 35℃，却依然导致黄粉虫的全部死亡呢？虽然当时气温只有 28℃，由于包装箱的封闭作用，加上包装箱是放在汽车里的，这就使包装箱内的温度比室外可能高 5℃。加上在运输过程中，难免会发生颠簸，黄粉虫受到惊吓后，就在箱内不断地运动，在高密度装运的条件下，虫体间的摩擦加速生热，这又使虫体间的温度上升了 3~5℃。因此此时的温度可能已经超过了 35℃，黄粉虫已经在死亡边缘上挣扎，运输时间超过 3 小时，可能就会死亡。

冬季运输虫子时应注意几个方面，一是虫子装车前应在相对低温的环境下放置一段时间，使其适应运输环境，但温度不能低于它的致死温度，这是绝对要注意的。有的养殖户为防止温度低黄粉虫被冻死，大量运输时可放入有空调的小轿车进行保温，也是可行的办法。二是装车时要在车的前部用帆布做以遮挡，防止冷风直接吹向虫子，同时应即装即走，减少虫子在寒冷空气中暴露时间。如果是少量运输时，可用布袋多装一些，并经常翻动布袋，利用虫子活动摩擦产热进行升温。三是虽然黄粉虫耐寒性较强，一般不至于冻死，但是在运输活体时，还是建议在气温 -5~5℃，运输比较安全。运输过程中，应随时检查黄粉虫群体温度的变化，及时采取相应措施。四是尽量购买小虫，据测定，相同数量的小虫比大虫产的热量要少得多，虽然小虫不能立即进入繁殖盛期，但是从长远角度来考虑，购买小虫要比购买大虫要划算得多。

养殖户在引种回来后，往往发现刚运输回来的黄粉虫幼虫在开始几天里会陆续出现不明原因的死亡现象，据分析，这种死亡的原因主要是应激反应。这其中的原因就是黄粉虫所处的饲养环境发生了改变，加上在运输过程中的密度过高，通风条件不善，结果会导致黄粉虫对这些改变产生不适应的反应，从而导致它们的消化系统发生紊乱，取食缓慢，几天后就会造成死亡。因此建议在购买黄粉虫时，在运输过程中要保证合适的密度，注意通风，减少它们的摩擦和运输容器内的温度上升，控制好湿度条件，就会确保运输的成活率。

做好黄粉虫的病害防治是创业成功的保证

在自然界中，黄粉虫的生命力是比较强的，但只要是有生命的物种，就会患某些疾病，黄粉虫也不例外。

养殖黄粉虫的目的很多，主要是为人们提供养殖其他经济动物的鲜活饵料，当然也有其他重要的食用价值、工业价值、教学研究价值等。如果在养殖过程中发生这样那样的疾病，甚至经常看到死的或病的虫子，总是一件非常不愉快的事情。因此要尽可能地减少黄粉虫疾病的发生，降低损失。

第一节　黄粉虫病害发生的原因

黄粉虫是完全变态的昆虫，一生是以多种虫态出现的，不同的虫态期的管理、投喂、环境的变化、自身器官的变化等等，只要有任何一个环节照顾不到，就有可能发生疾病。

为了很好掌握黄粉虫的发病规律和防止虫病的发生，必须了解发病的病因。黄粉虫发生疾病的原因可以从内因和外因两个方面进行分析，因为任何疾病的发生都是由于机体所处的外部因素与机体的内在因素共同作用的结果。在查找病源时，不应只考虑某一个因素，应该把外界因素和内在因素联系起来加以考虑，才能正确找出发病的原因。诱发黄粉虫生病的因素有很多，主要有以下几种。

一、致病生物

常见的黄粉虫疾病多数都是由于各种致病的生物传染或侵袭到虫

体而引起的，这些致病生物称为病原体。能引起黄粉虫疾病的病原体主要包括真菌、病毒、细菌、霉菌、原生动物等，这些病原体是影响虫子健康的罪魁祸首，也是引起黄粉虫生病的主要诱因。在这些病原体中，有些个体很小，需要将它们放大几百倍甚至几万倍后才能看见，疾病专家称它们为微生物，如病毒、细菌、真菌等。由于这些微生物引起的疾病具有强烈的传染性，所以又被称为传染性疾病。有些病原体的个体较大，如蠕虫、甲壳动物等，统称为寄生虫，由寄生虫引起的疾病又被称为侵袭性疾病或寄生虫病。

二、自身因素

黄粉虫自身因素的好坏是抵御外来病原菌的重要因素，一条自身健康的虫子能有效地预防部分疾病的发生。

黄粉虫体内有整套防病抗病的体系，这个体系称为免疫系统，它专门消灭入侵体内的病菌和病毒等。虫子对外界疾病的反应能力及抵抗能力随虫龄、不同虫态、身体健康状况、营养、大小、环境等的改变而有不同。例如有的病是幼虫阶段常见的流行病，而随着虫子的增长或虫态的改变，它的抵抗力增强，就不会引起疾病的发生。另外黄粉虫的皮肤也是抵抗病原体侵袭的重要屏障。健康的黄粉虫或体表不受损伤的虫子，病原体就无法进入，有些病就不会发生。而当虫体一旦不小心受伤，病原体就会乘虚而入，导致各类疾病的发生。

另外由于长期近亲交配繁殖，可能会造成黄粉虫的本身生理遗传或代谢的缺陷，例如遗传性肿瘤、不育基因的突变、内分泌失调等而产生的一系列病害。

三、环境因素

影响黄粉虫生病的环境因素主要有湿度和温度。黄粉虫是变温动物，气温的变化直接影响虫子的生长发育、繁殖及代谢活动。当温度变化幅度过大时，黄粉虫的捕食量就会明显减少，造成体质下降，一旦病原体侵袭，就会引起黄粉虫的身体也发生病理反应，导致抵抗力降低而患病。

湿度也与虫病的发生有一定的关系，如果湿度太大，各种霉菌、寄生虫及一些胃肠道传染病的病菌就会大量繁殖，它们能通过皮肤及消化道入侵，使皮肤发霉，甚至会导致蜱螨寄生，同时发生腹泻等疾病。

四、人为因素

1. 从外部带入病原体

主要表现对养殖器具、饲养房、使用工具等，由于消毒、清洁工作不彻底，可能带入病原体。

2. 饲喂不当

饲喂不当也可能让黄粉虫患上疾病，在人工养殖黄粉虫时，全靠人工投喂饲养。如果投喂不当，投食不清洁饲料，或饥或饱及长期投喂一种饵料，导致黄粉虫缺乏营养，造成体质衰弱，就容易感染患病。

3. 药物中毒

饲养房等用药物进行消毒时，由于浓度不合理，消毒方法不对，也会给虫子带来毒害，这种伤害有时是直接的，表现在黄粉虫会在短时间内中毒死亡；而有的伤害则是间接的，表现在受到毒害后有部分残存下来的个体以后会对疾病缺乏抵御能力。

4. 消毒不够

虽然对饲养池、饲养房、食场、食物、工具等进行了消毒处理，但有时由于种种原因，或是用药浓度太低，或是消毒时间太短，导致消毒不够，这种无意间的疏忽有时也会使黄粉虫的发病率大大增加。

5. 管理不善

饲养箱中的死虫、粪沙没有及时清除，就会腐烂变质，影响正常黄粉虫的生长发育，人为地加速疾病的传染。

黄粉虫疾病的发生甚至暴发，主要取决于以上 4 个因素，尤其是病原体、黄粉虫自身和环境之间相互作用的结果。如果黄粉虫身体健壮，本身对外界环境有较强的适应能力，对环境的变化有较强的抵抗能力，那么它就不容易生病，甚至在疾病传染时，只要启动自身的防卫保护能力也可以躲过一劫；另外，如果对黄粉虫的养殖环境经常清扫、消毒、讲究卫生，缺少病菌生存的条件，确保养殖坏境条件好而且将温度、湿度、光照控制在适宜黄粉虫生长发育的范围内，即使致病力强或感染性强的病原体也是无法让黄粉虫感染疾病的。

第二节　黄粉虫病害防治原则和预防措施

一、防治疾病的原则

人工饲养黄粉虫，成本比较高，一旦患病死亡尤其是大量的传染性的疾病发生，损失较大。为了尽量减少疾病造成的损失，必须采取相应的科学防治措施，在采取措施之前必须先了解基本的防治原则。经过总结，认为防治原则应包括以下几点。

1. 防重于治、防治兼施的原则

在经济动物养殖上有一句对疾病预防的法则，就是"无病早防、有病早治、以防为主、防重于治、防治兼施"，这是人们在长期的养殖实践中总结出来的法宝，对于黄粉虫的养殖来说，这个原则更要坚持。黄粉虫个体小，饲养密度大，在早期有个别虫子发生疾病不易被发现，一旦发病，想要做到每次都药到病除也不现实，因此，对黄粉虫的疾病主要依靠预防。防重于治是防治黄粉虫疾病的第一原则。

现在对于黄粉虫疾病的一般治疗方法就是把药物拌和在饲料中，让虫子自由采食，这对于刚刚生病而且还处于能摄食的黄粉虫来说，还是有效的。但是对于那些病情稍重，已再不摄食的黄粉虫来说，即使有特效药也无力回天，因此只有做好预防工作才是最重要的。

2. 强化饲养管理、控制疾病传播的原则

黄粉虫的部分疾病在发生前有一定的预兆，只要平时细心观察，及时发现并及早处理，就可以把疾病造成的损失控制在最小范围内。

3. 对症下药、按需治疗的原则

在防治虫病时，首先要认真进行检疫，对病虫作出正确诊断，针对黄粉虫所患的疾病，确定使用药物及施药方法、剂量，才能发挥药物的作用，收到药到病除的效果。否则，如果随意用药，不但达不到防治效果，浪费了大量人力、物力，更严重的是可能耽误了病情，致使疾病加剧，造成巨大损失。目前对黄粉虫的疾病治疗最有效的办法还是口服预防，由于虫体太小，进行人工填喂药物是不可能的，另外可以考虑用药液喷洒虫子体表进行治疗。这种治疗方法一方面还是处于试验阶段，并没有完全成熟的技术；另一方面即使可行，也只能对一些体表疾病主要是寄生虫疾病有效，而对于那些肠胃、消化道、呼吸道等方面的疾病基本上无能为力。

4. 按规定的疗程和剂量用药的原则

药物既可以用来防治黄粉虫的疾病，同时对虫子也是有毒害作用的，尤其是超量用药或不规范用药更会对黄粉虫造成毒害。所以，必须严格掌握药物的使用剂量。如果用药量过大，就有可能由于其毒性过大而影响虫子的正常生理机能，甚至造成中毒死亡；而用药量过小，又起不到防治疾病的作用。

二、黄粉虫疾病的预防措施

在人工养殖黄粉虫时，虽然黄粉虫生活在人为调控的小环境里，养殖人员的专业水平一般也较高，可控性及可操作性也强，有利于及时采取有效的防治措施。但是由于黄粉虫的个体不大，发病的早期症状不易被察觉，一旦生病，由于饲养密度大，不但传染快，而且难以用药治疗，死亡率高，尤其是传染性疾病在延迟后都要或多或少地死掉一部分，给养殖者造成经济和思想上的负担。因此对虫病的治疗应

遵循“预防为主，治疗为辅”的原则，按照“无病先防、有病早治、防治兼施、防重于治”的原理，加强管理，防患于未然，才能防止或减少黄粉虫因死亡而造成的损失。

1. 改善养殖环境

养殖环境主要是指养殖黄粉虫的饲养房、饲养盘和周围的环境等。首先是要选择合适的场地，远离污染源和噪声源。减少对黄粉虫的应激反应。其次要对这些环境进行定期的消毒，并根据黄粉虫的生活习性，人为地模拟最适合的环境，促进虫子的健康生长。如温度在25~30℃，控制日夜温差在5℃以内，湿度在65%~70%，而且通风良好，室内空气新鲜，四周洁净优美，使黄粉虫的生活舒适安宁。这样，虫子本身的抗病力自然会提高，同时使病原体无立足之地，当然会起到预防疾病的作用。

2. 严格做好虫子的检疫

在黄粉虫进行交流运输时，客观上使虫子携带病原体到处传播，在新的地区遇到新的寄主就会造成新的疾病流行，因此一定要做好黄粉虫的检验检疫措施，将部分疾病拒之门外，从根本上切断传染源，这是预防黄粉虫疾病的根本手段之一。

3. 做好消毒工作

消毒的目的是消灭饲养房、虫体、用具等上存在的病原体。

一是做好黄粉虫虫体的消毒，即使是健康的黄粉虫，亦难免带有某些病原体，当条件适合时，它们会趁机大量繁殖，引起疾病。因此，必须先进行消毒，杀灭附在虫体上的病原体。

二是对使用工具进行消毒，饲养场内的各种养殖用具和饲养箱、饲养盘等工具往往是虫病传播的媒介，应在消毒后方可使用，可以防止病原体的传播。消毒的方法有在阳光下暴晒和用药物消毒两种。

4. 药物预防

对黄粉虫的疾病可定期进行药物预防，往往能收到事半功倍的效果，主要是通过体内投喂药饵的方法，可对那些无病或病情稍轻的虫

子起到极好的防治作用，先将药饵拌在饲料里，然后喂给黄粉虫吃下，就能起到应尽的作用了。

5. 注意科学投喂

在人工养殖黄粉虫时，饲养管理不当也是导致黄粉虫发病率高的重要原因之一，所以一定要注意投饲食物的总体营养水平。只有投喂优质的营养丰富的饲料才能使虫子得到生长繁殖所需要的全面营养物质，才能增加黄粉虫本身的防御抗病能力，减少虫病的发生。

生产实践已经证明，麦麸是饲养黄粉虫最主要的也是最常用的饲料，但是如果长期饲喂单一的麦麸饲料，则对规模化养殖黄粉虫来说，并不是最理想的。在这种情况下，黄粉虫的幼虫会出现生长速度相对缓慢，个体发育进程也减慢，蜕皮时间也拉长，蜕皮后的增长率也降低，而且发生疾病的概率也加大；而成虫则出现产卵率明显降低，畸形卵的发生率也提高。因此，在投喂时必须讲究科学投喂，使用优质的配合饲料，同时注意及时添加维生素和微量元素，加喂适量的青绿饲料，减少"病从口入"的机会。

6. 加强日常管理

俗话说"三分养殖，七分管理"，说明管理对于养殖活动是非常重要的，黄粉虫的养殖也是如此。

首先是要建立每日检查制度，发现有进食不正常、不愿活动、粪便异常等现象的黄粉虫，要及时隔离观察，尽快给予治疗，谨防传染给其他健康的虫子。

其次是做好科学养殖、科学管理，对于一些基本的养殖技能要加强管理，例如合理的放养密度、不同的虫态严格分群饲养、同一虫态时的不同大小个体也要及时分养等，只要管理到位，都可以在一定程度上减少疾病的发生机会。

再次就是加强优良品种的选育工作，积极选育优良的品种，对于那些没有养殖效益的老弱虫子要及时淘汰，从而提高黄粉虫整体的抗病能力，减少疾病的发生机会。

最后就是做好日常消毒工作，减少外来病原菌的侵袭。

第三节　黄粉虫的疾病

黄粉虫抗病能力强，一般不会患上疾病，但是如果管理不当或环境突变时也会出现疾病，以干枯病、软腐病较为常见。

一、黄粉虫生病的判断

黄粉虫在养殖过程中如果生病了，就会有一些表现，只要养殖者平时多加观察，就能发现这些症状。

1. 从黄粉虫的异常表现上来判断

在养殖过程中，如果出现一些发育迟缓或者是个头较小等生长发育异常；出现体色或体形的异常改变；出现生殖、蜕皮、排泄、摄食等行为异常；虫体出现异常的气味；不能顺利进入下一个虫期，如幼虫体由幼龄过渡到中龄或大龄，不能顺利进入下一虫态，也就是不能正常完成变态发育，一旦发生这些症状，基本上就可以判断已经生病。

2. 从黄粉虫的活动上来判断

在饲养过程中，健康的黄粉虫行动非常敏捷，遇到外界干扰时，躲避能力很强，具体表现在：成虫在行动时呈现出急急忙忙、慌慌张张的样子；幼虫食欲旺盛，爬行较快，总喜欢在容器的边上想爬出去。而一旦发现虫子的身体有发软现象，同时体色不正常、吃食也不正常时，就要考虑黄粉虫可能生病了。但是有一种情况除外，那就是幼虫在休眠期、成虫在刚刚羽化不久或者是天气过冷时，它们的行动出现畏畏缩缩、行动迟缓时，这时要注意观察它们的体表，如果它们的身体依然光泽透亮、体态健壮、体色正常时，那么说明是一时的应激反应，并不是生病。

3. 快速判断疾病类型

在养殖过程中可以通过黄粉虫的体表、体色、虫的尸体上来快速判断出所患疾病的类型，为将来采取有效防治措施提供诊断依据和赢得时间。

如果黄粉虫的体色有明显异常，个体发育缓慢，已经死亡的尸体僵硬但不发出异常的臭味，可以很清晰地看到尸体上有"发霉"现象时，基本上可以确定为真菌病。

如果黄粉虫已经死亡的尸体僵硬而出现液化状态时，同时也可以很清晰地看到尸体上有"发霉"现象时，基本上可以确定为是病毒病。

如果黄粉虫经死亡的尸体颜色变暗变黑，快速腐烂而且会发出异味，特别是在蜕皮、化蛹等关键时刻时死亡，基本上可以确定为细菌病。

如果黄粉虫的体表表皮透明，有的会出现斑驳状的棕色，基本上可以确定为球虫类原生动物所导致的疾病。

除了从以上的症状进行简单判断外，如果想要更准确地确诊，还需要专业的技术人员配合专门的仪器，对病原微生物进行分离、培养后，然后进行种类鉴别，并提出相应的治疗方案。

二、干枯病

发病原因：主要是气温偏高、空气太干燥或饲料过干、饲料中的青饲料太少，使黄粉虫体内严重缺水而导致该病发生。

发生季节：此病多发于冬天用煤炉加温时，或者在高温干燥的夏季，数天温度超过35℃且无雨的日子里。

病症特征：虫体患病后，病虫虫体瘦小僵直，先从头部到尾部发生干枯，再慢慢发展到全身干枯、发黑、僵硬而死亡。幼虫与蛹患干枯病后，根据虫体变质与否，又可分为"黄枯"与"黑枯"两种表现。"黄枯"是死虫体色发黄而未变质的枯死；"黑枯"是死虫体色发黑已经变质的枯死。

防治方法：一是改善饲养条件，及时多投喂一些青菜叶，以补充体内的各种维生素，在饲料中添加酵母粉及土霉素粉。

二是在空气干燥季节或酷暑高温的夏季或连续数日无雨时，在地面上洒水或设水盆降温，同时应将饲养箱放至较凉爽通风的场所，或打开门窗通风，同时要把当天没有吃完的鲜饲料拣出，防止饲料腐烂促进病菌的滋生。

三是在冬季用煤炉加温时，要经常用温湿度表测量饲养室的空气湿度，一旦低于55%，就要向地上洒水增湿，或加大饲料中的水分，或多给青饲料，预防此病的发生。

四是对干枯而死的黄粉虫，要及时挑出扔掉，防止健康虫吞吃生病。

三、软腐病

又叫腐烂病。

发病原因：饲养场所或室内空气潮湿，湿度过大，饲料过湿导致发霉变质，放养密度过大或在幼虫清粪及分箱过程中筛虫时用力幅度过大造成虫体受伤而被细菌感染，另外由于管理不好，粪便及饲料受到污染也能导致虫体之间的交叉感染发病。

发生季节：本病多发于湿度大、温度低的梅雨季节，是一种危害较为严重的疾病，也是夏季主要预防的疾病。

病症特征：病原菌很可能是一种细菌，先期染病的病虫行动迟缓、食欲下降、产仔少，中期虫体变得柔软，颜色转为黑褐色，体内为褐色黏稠液体，粪便稀清且黑，后期严重的病虫身体渐渐变得黑、软、烂，最后虫体失水死亡。

防治方法：一是由于病虫排泄的黑便具有强烈的传染性，会污染其他虫子，如不及时处理，会造成整箱虫子全部死亡。因此一旦发现软虫体要及时拿出隔离，清除残食，停止投放青绿饲料，清理病虫粪便，开门窗通风散潮，调节室内湿度，然后保持室内通风干燥。

二是如果连续阴雨天，室内湿度大温度低时，可燃煤炉升温排潮，提供相适宜的温度和湿度。

三是保持合理的密度，发病后用 0.25 克氯霉素或金霉素或土霉素拌麦麸或拌豆面或拌玉米面 250 克投喂，等情况好转后再改为麸皮拌青料投饲。

四、黑头病

发病原因：黄粉虫吃了自己的虫粪造成的，这与养殖户管理不当或不懂得养殖技术有关。通常是在虫粪未筛净时又投入了青饲料，导致虫粪与青饲料混合在一起，被黄粉虫误食而发病。

发生季节：一年四季中均可发病，尤其夏季为主要发病季节。

病症特征：发病的黄粉虫先从头部发病变黑，再逐渐蔓延到整个肢体而死。有的仅头部发黑就会死亡。虫体死亡后一般呈干枯状，也可呈腐烂状。

防治方法：一是提高责任心。此病系人为造成，提高工作责任心或掌握饲养技术后就能避免；二是死亡的黄粉虫已经变质，要及时挑出扔掉，防止被健康虫吞吃生病。

五、腹斑病

发病原因：主要有两点，一是由于黄粉虫在进食长期处于潮湿状态的饲料，导致虫体内的水分增多；二是由于黄粉虫长时间食用含脂肪量过高的饲料，导致虫体内营养物质过多引起疾病的发生。

发生季节：在常温养殖下，主要发生夏秋季，如果是加温实行恒温养殖，那么一年四季都可以发生。

病症特征：从表观上看，病虫的胸腹部有一块明显的褐色病斑，腹部的体节膨大，节间膜不能自由收缩，在阳光下看，可见黄粉虫的体内充满白色物质，病虫平时也吃食，最后因蜕皮不良而导致死亡。

防治方法：一是在投喂饲料前要对饲料的质量把好关，如果发现饲料过于潮湿时一定要立即更换新的；二是不能过多地投喂含脂肪多的饲料；三是采取适当措施增加湿度，在饲养过程中如果需要增加相

对湿度，不要向基础饵料喷水，最好的办法是投喂蔬菜叶、青草叶、瓜果片，而且这些植物叶片上面不能含水，为了增加效果，可以勤添多换几次叶片；四是如果发现病虫时，要立即拣走病虫，同时将投喂的还没有吃完的叶片和青草也一起拣走。

六、腹霉病

发病原因：导致黄粉虫产生这种病害的主要是两种原因：一是饲养房内的湿度过大导致黄粉虫感染了霉菌而引起的；二是黄粉虫的饲养密度不合理，主要是密度过大导致黄粉虫感染了霉菌而引起疾病。

发生季节：主要发生在夏季。

病症特征：发病时病虫的行动迟缓，活动能力下降，食欲下降，甚至不吃食，仔细观察，可见它的腹部有暗绿色的霉状物。

防治方法：一是合理控制饲养房内的湿度，不要让湿度过高；二是做好分龄饲养，及时疏散密度，确保黄粉虫的放养密度在合理的范围之内；三是向饲料中加入抗真菌抗生素药物，如克霉唑、曲古霉素等，在添加前要将这些药物进行破碎处理，添加量是每平方米的饲养面积添加 2 片即可，连用 3 天。

第四节　黄粉虫的敌害

黄粉虫的敌害较多，但主要是螨虫、螟虫类、蚂蚁、老鼠等。

一、螨虫

危害黄粉虫的螨虫主要是粉螨，俗称"糠虱""白虱""虱子"。螨虫的成虫体长不到 1 毫米，全身柔软，成拱弧形，灰白色，半透明有光泽。全身表面生有若干刚毛，有足 4 对。幼螨具足 3 对，长到若螨时具足 4 对，若螨与成螨极相似。高温、高湿及大量食物是螨虫生长的环境与物质条件，在这种条件下螨虫每 15 天左右发生一代，每头雌螨能产卵 200 粒，可见其繁殖力之强。

发病原因：饵料带螨卵是螨害发生的主要原因。据昆虫专家介绍，螨虫在米糠、麦麸中很容易滋生，使饵料变质。如果把带有螨虫的米糠和麦麸作为饵料投喂时被带入饲养箱内，在高温、高湿的适宜环境条件下，又有丰富的营养，螨虫繁殖力又极强，能在短时间内繁殖发展、蔓延到全部饲养箱中。

发生季节：一般在7—9月高温高湿的夏、秋季节为主要发病时间。

病症特征：螨虫一般生活在饵料的表面，可发现集群的白色蠕动的螨虫，寄生于已经变质的饵料和腐烂的虫体内，螨类对黄粉虫危害很大，它们取食黄粉虫卵，叮咬或吃掉弱小幼虫和正在蜕皮中的幼虫，污染饵料。即使不能吃掉黄粉虫，它们一方面竞争取食麦麸影响幼虫的生长，另一方面会叮在幼虫身上，会搅扰得虫子日夜不得安宁，使虫体受到侵害而日趋衰弱，生长迟缓，孵化率低，繁殖力减弱，食欲不振而陆续死亡。

防治方法：第一是要选择健康虫种，在选择虫种时，应选活性强、不带病的个体。

第二是防止病从口入，严防饵料带螨。对于黄粉虫饵料，应该无杂虫、无霉变，在梅雨季节要密封贮存，米糠、麸皮、土杂粮面、粗玉米面最好先暴晒消毒，待晾干后再投喂，有条件的还可将糠、麸隔水蒸20分钟消毒。另外一点也不能忽视，掺在饵料中的果皮、蔬菜、野菜不可过湿，湿度不能太大，因夏季气温太高易导致腐败变质。还要及时清除虫粪、残食及杂物，保持食盘的清洁和干燥，所投青料必须干爽，不得投喂过湿青料，保持饲养箱内的清洁和干燥。如果发现饵料带螨，可把饵料平移至太阳下摊开晒15～20分钟即可以杀灭螨虫。加工饵料应经日晒或膨化、消毒、灭菌处理。或对麸皮、米糠、豆饼等饵料炒、烫、蒸、煮熟后再投喂。投量要适当，饲养箱中麦麸添加数量不可过多。

第三是做好场地消毒，饲养场地及设备要定期喷洒杀菌剂及杀螨剂。一般用0.1%的高锰酸钾溶液对饲养室、食盘、饮水器进行喷洒

消毒杀螨。还可用40%的三氯杀螨醇1 000倍溶液喷洒饲养场所，如墙角、饲养箱、喂虫器皿，或者直接喷洒在饲料上，杀螨效果可达到80%~95%。也可用40%三氯杀螨醇乳油稀释1 000~1 500倍液，喷雾地面，切不可过湿。一般7天喷1次，连喷2~3次，效果较好。

第四是用各种方法来诱杀螨虫。方法一是将油炸的鸡、鱼骨头放入饲养池，或用草绳浸米泔水，晾干后再放入池内诱杀螨类，每隔2小时取出用火焚烧。也可用煮过的骨头或油条用纱网包缠后放在盒中，数小时将附有螨虫的骨头或油条拿出扔掉即可，能诱杀90%以上的螨虫。方法二是把纱布平放在池面，上放半干半湿半混有鸡、鸭粪的养土，再加入一些炒香的豆饼、菜籽饼等，厚1~2厘米，螨虫嗅到香味，会穿过纱布进入取食。1~2天后取出，可诱到大量的螨虫。或把麸皮泡制后捏成直径1~2厘米的小团，白天分几处放置在养土表面，螨虫会蜂拥而上吞吃。过1~2小时再把麸团连螨虫一起取出，连续多次可除去70%螨虫。

第五是调节好室内空气湿度，在夏季高温干燥时要保持室内空气流通，防止食物带螨，要注意降温、增湿，加强空气流通，饲料含水量可大些，并投喂一些青饲料，减低饲养密度。

第六是科学养虫，这是最好的方法，是杜绝螨害发生的有效途径。对于天气潮湿的地区要适当增加筛粪次数，要1天或2天喂料1次，以养殖箱中略有剩余为好，这样也可以减轻黄粉虫发病。每批次养殖结束后，要进行场所、养殖器皿消毒，可用0.5%~1.5%的高锰酸钾溶液，喷洒物体表面消毒，也可用漂白粉、福尔马林溶液等消毒药物。

二、蚁害

发病原因：主要是有蚂蚁进入养殖场所。

发生季节：一般在夏季多雨潮湿易于发生。

病症特征：蚂蚁很容易钻进饲养室，可把死虫活虫抬走，导致损失。

防治方法：第一是用清水隔离法驱蚁。用箱、盆等用具饲养黄粉虫时，把支撑箱、盆的 4 条短腿各放入 1 个能盛水的容器内，再把容器加满清水。只要容器内保持一定的水面，蚂蚁就不会侵染黄粉虫。

第二是用生石灰或草木灰驱避蚂蚁法。可在养殖黄粉虫的缸、池、盆等器具四周，每平方米均匀撒施 2~3 千克生石灰或草木灰，并保持生石灰的环形宽度 20~30 厘米，利用生石灰的腐蚀性，对蚂蚁有驱避作用，并且蚂蚁触及生石灰后，体表会粘上生石灰而感到不适，使蚂蚁不敢去袭击黄粉虫。

第三是用毒饵诱杀蚂蚁法。取硼砂 50 克、白糖 400 克、水 800 克，充分溶解后，分装在小器皿内，并放在蚂蚁经常出没的地方。蚂蚁闻到白糖味时，极喜欢前来吸吮白糖液，而导致中毒死亡。

第五是生物防蚁法。利用蚂蚁惧怕西红柿秧气味的特点，将藤秧切碎撒在养殖池周围，可防止侵入。

第六是化学防治法。用慢性新蚁药"蟑蚁净"放置在蚂蚁出没的地方，蚂蚁把此药拖入巢穴后，2~3 天后可把整窝蚂蚁全部杀死。

三、鼠害

发病原因：老鼠进入养殖场所。对于黄粉虫来说，老鼠是最难防治的天敌。老鼠既能爬高，又会钻洞，无孔不入。进入饲养室后，会在房顶做窝，伺机侵入食盒中吞食黄粉虫或麦麸，而且食量大，危害严重。因此，养殖户要特别注意观察，以免老鼠侵入饲养室，造成损失。

发生季节：一年四季均可发生鼠害。

病症特征：直接吞食黄粉虫，有时还会传染病菌。根据调查，一只老鼠每晚可吃掉幼虫 100 只以上。

防治方法：首先是将室内墙壁角落夯实，最好做硬化处理，不留孔洞缝隙，出入的门要严密，以免老鼠入内，发现老鼠粪便要及时检查鼠洞，扑灭和堵洞。门、窗和饲养盆加封铁窗纱，经常打扫饲养室，清除污物垃圾等，使老鼠无藏身之地。

其次是一旦发现可用人工捕杀，用电猫或家猫捕鼠，或用鼠夹和药物毒杀。若老鼠实在难防，就要以充足的饲料来防鼠。据有关专家的观察，若麦麸等饲料充足，老鼠一般只吃粮食，不吃黄粉虫。若没有麦麸，则侵害黄粉虫。也可在饲养室内养一只猫来驱鼠。

四、其他的虫害、敌害

黄粉虫养殖的其他虫害还有蟑螂、米象及米蛾的幼虫、赤拟谷盗等，它们同黄粉虫争食饲料、争夺生存空间，在以麦麸、糠麸为主要饲料的饲养箱内，往往形成一团一团的糠团，一旦发现后要及时清除。

黄粉虫养殖的其他敌害还有蟾蜍、苍蝇、壁虎、鸡、鸭、鹅和狗，在庭院养殖或暂养以及用大棚养殖时尤要加以注意和防范。

1. 蟑螂

蟑螂俗称偷油婆、油虫、茶婆子等，在昆虫中是最古老的种类之一，由于蟑螂的适应性强，早已从发源地非洲大陆通过海运商船、货物等，被带到南美、东欧和南亚的港口城市，以后逐步扩散，传入温带地区，甚至到达北方寒冷地区，现在已经遍布全世界，成为当今重要的城市害虫。我国蟑螂主要是美洲大蠊和德国小蠊两种，都对黄粉虫的生长有一定的危害性，主要是隐蔽在黄粉虫的饲养场所内，甚至是躲藏在饲养柜子里，有时就用唾液直接把卵鞘粘在栖息场所，如橱柜、木箱、纸箱及桌子的角落或杂物堆中。当幼虫孵化出来时就直接以黄粉虫为主要饵料，有时也咬食虫卵或蛹，对黄粉虫的养殖产生相当大的危害。

蟑螂是杂食性昆虫，食物种类非常广泛，可取食各类食品，包括面包、米饭、糕点、荤素熟食品、瓜果以及饮料等，除了喜爱各类食品外，蟑螂也常咬食其他物品，例如在饲养房、仓库、贮藏室等处啃食棉毛制品、皮革制品、纸张、书籍，或以腐败的有机物为食。正是由于蟑螂到处爬行，无所不吃，它们沾染和吞入了很多病原体，再加上它们边吃边拉的恶习，成为一些病原体的机械性传播者。因此在养殖黄粉虫时如果出现了蟑螂，一定要想方设法清除，否则带来3方面的危害，一是蟑螂可携带致病的细菌、病毒、原虫、真菌以及寄生蠕虫的卵，直接导致黄粉虫产生疾病；二是蟑螂会以黄粉虫的饲料为食物，和黄粉虫竞争食物；三是蟑螂会咬食黄粉虫的卵、蛹及幼虫，造成养殖上的损失。因此一定要积极地防治。

目前防治蟑螂的主要措施有：一是搞好环境卫生，室内保持干燥，用水泥进行抹缝（门缝、窗缝、墙缝等），堵住各种孔洞，通过这些措施断绝蟑螂的食源、水源，清除蟑螂栖息场所。二是采用粘蟑纸对蟑螂进行粘捕；用开水或蒸汽直接浇灌各处的缝洞和角落，烫杀隐藏在其中的蟑螂和卵鞘。三是用化学杀虫剂如喷洒剂、胃毒剂、触杀剂、烟雾剂等对蟑螂进行灭杀。

2. 赤拟谷盗

成虫长椭圆形，体长3~4.5毫米，全身赤褐色至褐色，体上密布小刻点，背面光滑，具光泽，头扁阔。幼虫细长圆筒形，长6~8毫米，有胸足3对，头浅褐色，口器黑褐色。赤拟谷盗的食性相当杂，喜欢吃面粉、麸皮、米糠、豆饼、干果、禾谷类种子、生药材、烟叶、皮革等，与黄粉虫明显争食，是黄粉虫饲料中常见的仓储害虫，饲料中会发生腥霉臭气，从而影响黄粉虫的吃食。

防治方法：第一是在饲料仓库要经常空仓消毒，仓库周围应保持清洁，定期消毒杀虫。

第二是黄粉虫的饲养盘等养殖设备定期彻底清理，并施用药剂熏蒸处理。

第三是仓贮玉米等种子或粮食要纯净干燥，颗粒完整，原粮加工时必须无虫，否则应处理后再加工，防止感染机械设备。

第四是可使用粮食防虫包装袋来包装黄粉虫的饲料。

第五是饲料最好经消毒杀虫处理后再使用，可使用的药物有4毫克/升保粮磷或15毫克/升防虫磷或4毫克/升甲基嘧啶磷或1.0~1.5毫克/升溴氰菊酯。

3. 印度谷螟

是常见的仓储害虫之一，成虫是一种小型蛾子，体长 5~9 毫米，头部灰褐色，腹部灰白色。一般雄成虫体较小，腹部较细，腹末呈二裂状，雌成虫体较大，腹部较粗，腹末成圆孔。卵长 0.3 毫米，乳白色，椭圆形，一端颇尖。卵表面有许多小颗粒。老熟幼虫体长 10~13 毫米，体呈圆筒形，中间稍膨大。幼虫食害玉米、大米、小麦、豆类、谷粉、米麦制成品、各种干果、干菜、油料、花生、奶粉等。幼虫咬食胚部及表皮，并排出许多带臭味的粪便，造成饲料污染。另外它还与黄粉虫争夺食物，严重影响黄粉虫的正常生长发育。每年发生 4~6 代，一般以幼虫在仓库缝隙吐丝结茧化蛹或越冬。

防治方法：一是做好环境卫生工作。黄粉虫的饲料放置前要将库房内外彻底打扫，确保清洁卫生，同时要剔除虫巢，缝隙用石灰堵塞嵌平，墙壁用石灰浆粉刷后，按每立方米空间用 80% 的敌敌畏 20~40 毫克，或浸有敌百虫或磷化铝的锯木屑烟剂熏蒸，消灭漏网害虫。

二是减少敌害进入的途径，饲料库房门窗须加设纱门、纱窗，防止成虫飞入，同时在里面挂上浸有敌敌畏的布条，杀死进入的害虫，但要注意在操作时不能污染饲料，否则也会给黄粉虫带来伤害。

三是用物理防治法，就是利用印度谷螟怕光的特性，一旦发现有虫时，可以放在太阳下暴晒杀死，也可以在低温条件下（最好在-1℃以下）将其冻死。

四是化学防治法，也就是用药物诱杀或熏杀。在化蛹前及越冬前，用麻袋等物盖在仓储物表面诱杀，也可在成虫羽化期用性信息素诱捕器诱杀；每立方米用 30~40 克氯化苦（三氯硝基甲烷），喷布到饲料包装袋面上或喷布到空包装袋上挂于仓库内，也可每立方米用 190~220 克二氯乙烯或磷化氢或环氧乙烷或溴甲烷（甲基溴或溴代甲烷）各 20 克，密闭熏蒸 72 小时。

4. 粉斑螟

粉斑螟成虫体长 6~7 毫米，头胸灰黑色，前翅三角形，后翅为灰白色三角形；老熟幼虫体长 12~14 毫米，形状似蚕，头部赤褐色，体部乳白色到灰白色；蛹长 7.5 毫米，宽 2 毫米，较短粗，淡褐到褐色；卵球形，直径约 0.5 毫米，乳白色，有光泽。

危害情况与印度谷螟相似，以幼虫为害稻谷、大米、玉米、高粱、小麦、大麦、面粉、大豆、青稞、糠麸、粉类等。粉斑螟 1 年发生 4 代，对黄粉虫饲料危害较大，显著降低饲料的营养价值。

防治方法：一是利用这种害虫不耐寒冷的特点，利用低温降冷，在摄氏-1℃以下就能将其冻死。二是做好环境卫生工作，剔刮虫巢，清除虫源。三是减少敌害进入的途径，在饲料房及饲养房内一定要安装好纱门纱窗，防止成虫飞入产卵。四是在室内挂敌敌畏布条，有虫饲料可用高温、毒气熏蒸处理等。

5. 壁虎

壁虎很喜欢偷吃黄粉虫但又比较难防除，这是因为壁虎行动敏捷、善钻隙，不易被发觉，主要危害黄粉虫的幼虫，是黄粉虫养殖过程中的大害之一。曾有人对一只壁虎剖开腹部进行检查时，发现它小小的肚子里竟然有 4 条 20 毫米长的黄粉虫幼虫。

预防壁虎的危害以人工捕捉为主。另外要彻底清扫饲养房，经常检查室内墙壁，发现空洞及时堵塞，门窗装上纱网，防治壁虎入室。

6. 鸟类

我们在养殖观赏鸟时，常常用黄粉虫来饲喂鸟儿，但是我们在养殖黄粉虫时，却要处处防着鸟类，这是因为黄粉虫是一切鸟类的可口饵料。据了解，一只鸟如麻雀一次就可以吃几十条虫，更为可恶的是这些鸟类相互之间用鸟语或其他特殊的信号来通知同伴，哪儿有最好吃的，只要有一只鸟儿吃到黄粉虫，很快会有其他的鸟儿飞过来一起品尝。

预防办法一是关好门窗，尤其是在为饲养房开窗换气时，往往会有麻雀等鸟类飞进来捕食黄粉虫，因此一定要防止鸟进入养殖室内，如果需要开窗时，则一定要有人看护。

7. 米象等敌害

米象又叫米虫，其他的敌害还包括米蛾、谷蛾等，它们主要是和黄粉虫争饲料。例如米象等的幼虫喜欢钻在饲料中，并用黏液使饲料形成团块，从而污染了饲料，影响黄粉虫的生长和孵化。

预防办法一是关好门窗，防止室外害虫进入室内；二是将饲料在使用前用高温蒸煮一下，杀死杂虫。

第五节　有害物质与防范

在黄粉虫养殖中，不但要时时防范它的病害、虫害和敌害，还要防止一些人为造成的有害物质对它的伤害。例如黄粉虫对油漆等有机溶剂、汽油等挥发性物质、苯甲酸钠等防腐剂这些有害物质十分敏感，一些养殖户在具体的操作过程中往往有意无意之间忽略了这一点，从而给他们带来一些不必要的损失。根据我们的观察认为，这些人为的有害物质主要来源于饲养箱材料污染、室内涂料污染以及饲料污染。

一、饲养箱材料污染

许多养殖户在制作饲养箱时，都喜欢用一些新的材料来制作，但是他们却往往忽视了一个重要事实，就是一些新的木材中本身会含有一些挥发性物质，例如松木会发出松子的味道、樟木会发出驱蚊虫的特殊异味、檀木也会发出特殊的味道。这些味道对木材本身来说是有作用的，它们主要是用这些味道来驱虫防腐的，这些挥发性物质就是天然的防虫物质，黄粉虫被这些物质所毒杀也就不足为奇了。

还有一种情况就是现在的密度板、木工板、三合板、纤维板、胶合板以及其他形形色色的板材中均含有不同程度的杀虫剂、防腐剂和添加剂，这些物质有时对黄粉虫养殖可以说是致命的。

预防方法很简单，针对这些情况，建议广大养殖户在制作木质饲养箱时，最好选用旧的实木材料或旧的加工板材，因为经过长时间日晒雨淋的旧材料，它们的挥发性物质会大大降低。

二、室内装修造成的污染

这种情况发生时可以分为两种类型，一种是许多小规模养殖者喜欢把黄粉虫养殖在家中，在家中往往有一些家具等，这些家具无论是买的还是自制的，都或多或少地进行一些装修，这些装修材料会影响黄粉虫的生长。另一种类型是主要的污染源，许多规模化养殖场在养殖前都要对养殖场所进行一次彻底的整治，除除草、打扫卫生、对墙壁进行粉刷、对饲养箱和饲养架进行油漆等处理，其实这些材料中本身就含有一些有害物质，比如几乎所有的油漆和涂料都含有甲醛。由于黄粉虫对它们的敏感性极强，非常容易受到伤害。

预防方法就是减少这些物质对黄粉虫的伤害，一是每天都打开窗户及时通风、更换新鲜空气。二是在装修过的房屋内不要立即把虫子放入，要等气味散尽后方可放入虫子，在此期间，可以先在房间内摆放一些污染指示花卉，如滴水观音等，最好的方法还是经相关检测达到安全使用浓度后再进行黄粉虫的养殖。

三、饲料造成的污染

通过喂养的饲料对黄粉虫造成的损失可以说是无意的，但往往却是在不经意间给予黄粉虫以致命的打击，有时对大的规模化养殖场来说，这种打击具有毁灭性。这是由于饲料带有毒性，往往是人为所不能察觉的，人们用它来饲喂黄粉虫，实际上就是在慢慢毒杀黄粉虫。

饲料污染一般是由3种情况造成的，首先就是所购的饲料本身含毒，这是因为一些种植区有一些疾病，必须通过喷打药物才能防治，由于药物喷打的浓度高、收割时间又短，导致部分药物残留在小麦、稻谷等这些饲料源上。

其次是饲料加工前或加工后受到防虫防腐剂的毒害，主要是饲料储藏在仓库中，仓库中会有各种敌害和虫害，为了防范这些虫害和敌害，仓库管理人员会用各种有效的致命的杀虫剂喷杀，这些杀虫剂和药物主要有磷化锌、磷化铝等，它们会在喷洒过程中形成雾状颗粒，富集在饲料表面，在用这些饲料喂虫时，就会造成人为的中毒事故。

养殖户在利用储存的饲料时，应了解一下仓库中最近是否用过药，最后一次用药的时间是何时？这些药物的安全期限和安全浓度是多少？一定要等到药物过了有效期后再投喂。另外从外面购进的饲料，最好先搁置20天左右，待可能残存的农药药性完全消失后再投喂。

再次就是青绿饲料携带农药，这主要是菜农为了防治蔬菜害虫或蔬菜生了虫，就会使用一些杀虫类的农药，一些养殖户一不小心就会用这种带药的菜叶来喂黄粉虫，最后造成黄粉虫大量死亡，一定要注意防范。

第九章 全方位利用好黄粉虫是创业的延伸

黄粉虫可以说是全身都是宝，用途极为广泛。根据现在的科技条件，目前已形成食品、饲料、肥料、菜品、能源、环保等 6 项产业。

第一节 黄粉虫作为科学试验材料

一、教学科研的好材料

由于黄粉虫饲养方便，简单易得，便于观察，在 20 世纪 60 年代末期，有关科研人员就开始选择黄粉虫作为教学、科研的试验材料，如应用于昆虫生理、生化、生物解剖及生物学、营养学、生态学等方面的试验材料。

在教学方面主要利用黄粉虫的活体来演示节肢动物的循环系统和血液的循环过程以及消化系统的观察等，具有直观性强的优点，方便学生掌握学习这方面的内容要点。演示方法很直观也很简单，就是在演示前先让黄粉虫饥饿一天，再在黄粉虫的麦麸等饲料中加入一些试剂，这种试剂通常是无色无毒的染色剂，当这些饲料被黄粉虫的幼虫食用后，染色剂就会融于幼虫的体液中，并随着体液以及血液的流动而一起运动，由于这种染色剂呈现出特殊的颜色，就可以从黄粉虫幼虫透明娇嫩的背部看到染色剂的运动线路和运动过程，也就知道了幼虫血液的流动方向，从而比较直观地了解节肢动物循环系统的结构以及血液的循环过程了。

另外一些教师还利用黄粉虫的特点应用于动物的生物学教学，由于黄粉虫的原料易得，因此可以让每个学生们直接动手进行解剖几条甚至十几条，了解节肢动物的外部形态和内部结构。通过观察黄粉虫的世代更替，来了解昆虫的生活史、变态发育史等，不仅给人留下十分深刻的直观印象，而且还可以锻炼学生的动手能力和实验操作技能。

还有一些老师通过对黄粉虫取食范围及取食量的分析，来研究昆虫的营养需求及消化吸收特点等。

二、生化试验的好材料

由于黄粉虫具有较好的耐寒性能，在自然界中，正常越冬的虫态可以在-5℃的条件下身体也不结冰，也没有被冻死，而且在温度上升后，虫子仍然可以恢复正常的活动。因此在科研方面，科学家们主要是利用黄粉虫的这一特性来提取一些生物酶和抗冻耐寒的基因，并将这种转基因应用于一些抗冻蔬菜、动物及有特殊功能的防冻液产品中。

三、药理试验的好材料

可利用黄粉虫对一些昆虫做相关的药理、药效试验，以方便取得第一手资料，是农药药效检测与毒性试验的良好材料。新型农药或新兴化合物的研制，必须通过生物测试或对害虫药效的试验。生物测试就是指系统地利用生物的反应测定一种或多种元素或化合物单独或联合存在时，所导致的影响或危害。黄粉虫则是最常用的仓库害虫的代表，由于虫源材料丰富，在一年四季中均可获得不同虫态的试验材料，药效试验和生物测试可以做得更加详尽而可靠，因此是一种优良的标准测试虫。

第二节　黄粉虫有很好的食用价值

一、食品原料

1. 吃虫历史

人类自古在与大自然的斗争中，积累了丰富的利用自然资源的能力与本领，其中人类利用昆虫具有十分悠久的历史，那时先祖们为了生存和吃得好一点，就发现了一些昆虫可以食用。据记载，我国劳动人民食用昆虫至少已经有 3 000 多年的历史。就是到现在为止，我国许多地方还有吃昆虫的习惯，尤其是云南、西藏等少数民族地区仍保留着食用昆虫的习俗，甚至一些地方把昆虫宴作为一个丰盛的菜肴用于招待贵客，给人们留下了深刻的印象。

2. 黄粉虫的食用功效

黄粉虫的营养十分丰富，体内富含氨基酸、蛋白质、维生素及微量元素等营养成分，具有蛋白质含量高、营养丰富等特点，其中钾、钙、镁、磷的含量明显高于猪、牛、羊等动物性食品。尤其是钾的含量是鸡蛋的 10 倍多、猪肉的 6 倍、牛肉的 6 倍、羊肉的 9 倍、鲤鱼的 2 倍，牛奶的 1.5 倍；钙的含量是鸡蛋的 3.5 倍、猪肉的 23 倍、牛肉的 23 倍，牛奶的 2.2 倍，是非常理想的动物蛋白营养源。总的来说，食用黄粉虫具有提高人体免疫力、抗疲劳、延缓衰老、防皱、美容、养颜、降低血脂、增强体质、抗癌等功效。

3. 黄粉虫的表皮处理

黄粉虫在进行食品加工时常遇到的最主要问题就是虫体表皮的处理。由于黄粉虫的体壁及组织结构与其他节肢动物一样，都是外骨骼系统。而这种外骨骼有一个显著的特点就是表皮结构是以几丁质为主。这种几丁质是一种含氮多糖的高分子聚合物，结构也非常稳定、结实。但是几丁质的这种结构在一般条件下是很难用强酸、强碱进行

作用，从而达到软化可食用的效果的。这样的结果就导致了可能会直接影响黄粉虫为原料的加工食品的口感，入口后表皮粗糙、坚硬而无味，更不容易被人体消化吸收，因此需要对表皮进行处理。

目前在全球通用的处理方法大致可分为3种：第一种是过滤表皮法，也就是将处理干净的黄粉虫经破碎加工后，通过过滤的方法除去散落在滤渣中的表皮，将滤液留下来加工食品。但是这种过滤后的表皮也不要轻易浪费，可以结合提取几丁质的方法，将滤渣中的表皮进行再次利用，既不污染环境，又能提高效益；第二种就是采用烘、炸、煎、烤等方法来加工黄粉虫，直接通过高温的作用来破坏虫体的表皮结构，使几丁质变性，让虫体更加膨松酥嫩，香气扑鼻，具有昆虫食品的特殊风味，可以直接食用。烘、烤、煎、炸黄粉虫是目前最简单易行，而且深受人们欢迎的一种处理方法；第三种方法是用酶来破坏表皮几丁质的大分子间稳定的键，促进其水解，达到软化的作用。由于这种方法需要较高的技术和比较昂贵的设备，对于普通养殖黄粉虫的朋友来说，是不现实的，但就从长远来看，用酶解法来生产黄粉虫的产品是一种必然趋势。

二、功能食品

在许多地方尤其是国外已经被广泛开发出各种各样的食品，有黄粉虫罐头、黄粉虫保健品等，黄粉虫经加工后还能以食品添加剂的方式加工成高蛋白面包以及富含微量矿物质元素的锅巴、饼干等功能食品。

1. 虫菜

直接用黄粉虫幼虫、蛹烹制成各种菜肴或膨化加工成小食品等直接食用，这就叫原虫食品。通常被称为旱虾，其口感清新，营养非常丰富。最常见的就是黄粉虫的菜肴，这些菜肴一方面是用幼虫制作的，业内人士称为虫菜；另一方面是用蛹制作的，业内人士称为蛹菜。

2. 油炸黄粉虫的制作

由于黄粉虫的体表几丁质较为坚硬，经过油炸后会更加膨酥可口。具体的制作方法如下。

首先是选料：选用新鲜黄粉虫的幼虫或蛹，成虫是不可以选用的。

其次是除杂：将选好的黄粉虫放在筛子上，先经过严格清理，去除杂质及内脏，再用洁净的清水冲洗干净虫体，再用脱水机脱干水分备用。

再次是油炸：将处理干净的黄粉虫放在煮沸的开水中烫煮 3 分钟左右，捞出后用纱布包裹放在脱水机里进行再次脱水。用少量食用油放在锅中，用中火烧至八成热，将干燥的虫体放在锅中炒至膨酥即可起锅，然后加入调味品就可以食用了。

油炸黄粉虫适用于制作小食品、餐宴食品、佐餐食品等。由于这种产品营养丰富、风味独特，因此也可以作为风味小吃。

3. 微波虫蛹食品的制作

首先是选料：选用新鲜黄粉虫的幼虫或蛹。

其次是除杂：将选好的黄粉虫放在筛子上，先经过严格清理，去除杂质及内脏，再用洁净的清水冲洗干净虫体，再用脱水机脱干水分备用。

再次就是微波虫蛹食品的制作：把处理好的虫蛹放到微波炉中烤制成膨酥状，烤制时要注意时间的把握。根据测试，每只直径约25厘米的微波盘可放 100 克左右的幼虫，经过微波加工 9 分钟就可以，而黄粉虫蛹，在同样的条件下，需要加工 6 分钟即可。然后撒上不同口感的调料，就可以食用了。另外还有一点要注意的是，这里的烤制时间只是个参考值，具体的加工时间还与虫蛹的种类、个体大小、虫体脱水程度以及微波炉的功率而定。

4. 餐饮半成品的制作

这种制作好的半成品一般是作为高档餐馆用来开设昆虫宴所用

的，当半成品进入餐馆的后厨后，只要根据宴会的需要，稍微做一下加工、拼盘就可以制作成美味可口的虫菜了。

首先是选料：选用新鲜黄粉虫的幼虫或蛹。

其次是除杂：将选好的黄粉虫放在筛子上，先经过严格清理，去除杂质及内脏，再用洁净的清水冲洗干净虫体备用。

再次是制作半成品：把精心处理好的原料放入沸水中煮沸 3 分钟，然后捞出待其冷却后，用脱水机脱水后进行整形、挑选，然后做成小包装。

最后就是贮存：把加工好的黄粉虫按 50 克、100 克、200 克、250 克、500 克的规格装入专用食品塑料袋中，真空抽气后封口，然后放入到速冻冰柜中，在-18℃的条件下贮存。

5. 黄粉虫酱油的制作

人们利用黄粉虫，通过专业的设备，将它们加工制作成酱油，具体的制作工艺流程和方法如下。

首先是选料：选用新鲜黄粉虫的幼虫或蛹，成虫是不可以选用的。

其次是除杂：将选好的黄粉虫放在筛子上，先经过严格清理，去除杂质，再用洁净的清水冲洗干净虫体，再用脱水机脱干水分备用。

再次是制作：一是把处理好的黄粉虫加适量水磨成虫浆状，调节酸碱度至中性，也就是 pH 值为 7.0；二是向虫浆中加入 1% 胰蛋白酶，在恒温 45℃的条件下，经 5~8 小时的酶解作用，使蛋白质酶解成氨基酸；三是待酶解作用完成后，将温度升到 90℃，在高温的作用下，使胰酶失去活性，也就是灭酶过程；四是进行过滤，并将 pH 值调至 4.5~5.0，然后继续将温度升至 100℃，经过 30 分钟的灭菌处理后，再进行调味调色即可制成黄粉虫酱油；五是成品包装，经过进一步的搅拌后，进行最后一次精细过滤后，将成品包装即可上市销售。

黄粉虫酱油本身在制作过程中，基本上没有流失营养成分，同时产品具有动物蛋白的口感，具有营养丰富、味道鲜美的优点，富含氨基酸及钙、硒、钾、磷、铁、镁、锌等多种微量元素和维生素，而且据测定，黄粉虫酱油里的维生素含量远远超过普通酱油。因此这种酱油既是优良的调味品，又具有营养保健功能。

6. 黄粉虫虫酱的制作

人们经过开发，可以用黄粉虫加工制作成虫酱。

首先是选料：选用新鲜黄粉虫的幼虫或蛹，成虫是不可以选用的。

其次是除杂：将选好的黄粉虫放在筛子上，先经过严格清理，去除杂质，清除消化道及分泌物，再用洁净的清水冲洗干净虫体，沥干水分备用。

再次是制作基料：把处理好的黄粉虫放在 75~80℃ 的温度下烘干 3 分钟，然后在高温下灭菌 20~30 分钟，再加水研磨成虫浆状，作为基料。

最后就是制作各种风味的虫酱：在基料的基础上，可根据需要或各自的品味调配食用油、豆粉、芝麻、辣椒、天然香料等辅料，配制成各种风味虫酱。也可以在基料中加入白砂糖等制成酥糖馅、月饼馅等各种点心馅来制作点心。

7. 生产黄粉虫风味罐头

在规模化养殖黄粉虫时，由于黄粉虫的数量众多，而且优质品也多，因此可以制作生产黄粉虫罐头，提高养殖的附加值。

首先是选料：选用体态完整的新鲜黄粉虫的幼虫或蛹，成虫是不可以选用的。

其次是除杂：将选好的黄粉虫放在筛子上，先经过严格清理，去除杂质，清除消化道及分泌物，再用洁净的清水冲洗干净虫体，沥干水分备用。

再次是制作各种风味罐头：将处理好的黄粉虫的幼虫或蛹经过水煮固化、脱水机脱水、灭菌处理等程序后，采用清蒸、红烧、油炸、微波、五香腌制等不同的调味加工，用常规制作罐头的方式进行装

罐、排气、密封、杀菌后，再冷却至常温，就制成了各种风味的虫罐头或蛹罐头。这种罐头具有营养丰富、耐储存、风味独特、食用方便的优点。

三、食品添加剂

1. 黄粉虫调味粉的加工

由于黄粉虫的味道鲜美，口感独特，因此可以用黄粉虫加工制作成调味粉。

首先是选料：选用体态完整的新鲜黄粉虫的幼虫或蛹。

其次是除杂：将选好的黄粉虫放在筛子上，先经过严格清理，去除杂质，清除消化道及分泌物，再用洁净的清水冲洗干净虫体，沥干水分备用。

再次是将清洗晾干后的虫体进行固化后，再用脱水机进行脱水，然后进行脱色处理。接着将处理好的虫体放到干燥箱中烘干，同时灭菌，再研磨成干粉，把干粉进行筛分，成品可以直接装袋，那些筛选剩下的虫粉另做他用。

这种由黄粉虫制作的调味粉营养全面，不含添加剂，是一种天然的调味粉，可添加到面包、糕点、饼干、糖果等各类食品中，增加蛋白质含量，提高其营养价值。

2. 黄粉虫蛋白质的提取

本书在开篇就已经阐述了黄粉虫的营养价值，黄粉虫的蛋白质中所含必需氨基酸不但种类多、含量高，蛋白质营养价值高，而且黄粉虫蛋白质中必需氨基酸数量相互之间的比例适宜，非常适合人体的需要，进入人体后易于被人体消化、吸收，所以黄粉虫蛋白是优质蛋白，也是可供人类食用的优质蛋白质之一。

从黄粉虫中提取蛋白质的方法有多种，一般可分为碱法、盐法和酶法等3种。

（1）碱法提取

首先是选料：选用体态完整的新鲜黄粉虫的幼虫或蛹。

其次是除杂：将选好的黄粉虫放在筛子上，先经过严格清理，去除杂质，清除消化道及分泌物，再用洁净的清水冲洗干净虫体，沥干水分备用。

再次是提取：将处理好的黄粉虫打成虫浆或脱水后磨成干粉，按一定比例加入碱，这里的碱用的是氢氧化钠溶液，在一定温度条件下，处理一定时间（20 分钟）后，用离心机离心 5 分钟去除虫渣，留下渣液。接着进行酸碱调节，向离心后的液体里加入 10% 盐酸调节 pH 值，直到 pH 值达 4.5 左右，可见明显的沉淀析出时为止。将这些沉淀物再用高速离心机离心 4 分钟后得到粗的含盐蛋白质。最后将盐蛋白经透析得到去盐蛋白。

（2）盐法提取

首先是选料：选用体态完整的新鲜黄粉虫的幼虫或蛹。

其次是除杂：将选好的黄粉虫放在筛子上，先经过严格清理，去除杂质，清除消化道及分泌物，再用洁净的清水冲洗干净虫体，沥干水分备用。

再次是提取：将处理好的黄粉虫打成虫浆或脱水后磨成干粉，按一定比例加入盐，这里的盐用的是氯化钠溶液，在一定温度条件下，处理一定时间（20 分钟）后，用离心机离心 5 分钟去除虫渣，留下渣液。接着将这些渣液再进行过滤处理，就可以得到粗蛋白。

（3）酶法提取

首先是选料：选用体态完整的新鲜黄粉虫的幼虫或蛹。

其次是除杂：将选好的黄粉虫放在筛子上，先经过严格清理，去除杂质，清除消化道及分泌物，再用洁净的清水冲洗干净虫体，沥干水分备用。

再次是提取：将处理好的黄粉虫打成虫浆或脱水后磨成干粉，按一定比例加入胰蛋白酶和蒸馏水，在高速离心机下匀浆 3 分钟。用 1% 的氢氧化钠溶液调节 pH 值至 7，经过一定的酶解时间，一定的酶解温度。然后升温至 70℃ 杀酶 30 分钟，置冰箱中冷藏过夜。最后将

虫渣过滤，在 80℃下烘干，得到粗蛋白。

3. 制作黄粉虫蛋白粉

制作黄粉虫蛋白粉的工艺流程如下。

首先是选料：选用体态完整的新鲜黄粉虫的幼虫或蛹。

其次是除杂：将选好的黄粉虫放在筛子上，先经过严格清理，去除杂质，清除消化道及分泌物，再用洁净的清水冲洗干净虫体，沥干水分备用。

再次是制作：将清洗沥干水分后的虫体进行固化后，再用脱水机进行脱水，然后进行脱色处理。接着将处理好的虫体放到干燥箱中烘干，同时灭菌，再研磨成干粉，采用加盐或加碱法使虫体蛋白质充分溶解，然后可用等电点法或盐析法、透析法等，使蛋白质凝聚沉淀，再把沉淀物烘干，把干粉进行筛分，成品可以直接装袋，就得到黄粉虫蛋白粉。

第三节　制作黄粉虫保健品

一、生产黄粉虫滋补酒

由于黄粉虫具有很好的保健功能，因此可以开发制作成保健滋补酒。

首先是选料：选用老熟黄粉虫的幼虫或蛹，成虫是不可以选用的。

其次是除杂：将选好的黄粉虫放在筛子上，先经过严格清理，去除杂质，清除消化道及分泌物，再用洁净的清水冲洗干净虫体，沥干水分备用。

再次是将黄粉虫经过固化、烘干脱水，然后配以枸杞、红枣，按枸杞 2 份、红枣 1 份、黄粉虫 2 份的比例放入白酒中，浸泡 1~2 月即成。要注意浸泡的时间与白酒的度数有一定的关系，一般来说，度数越高（最好在 48°以上），浸泡的时间越短，反之亦然。

生产出来的黄粉虫滋补酒颜色纯红，口味甘醇，具有安神、养心、健脾、通络活血等功效，是一种值得推广的药用与保健兼用的虫酒。

二、生产黄粉虫口服冲剂

用黄粉虫生产口服冲剂需要以下几步。

首先是选料：选用体态完整的新鲜黄粉虫的幼虫或蛹。

其次是除杂：将选好的黄粉虫放在筛子上，先经过严格清理，去除杂质，清除消化道及分泌物，再用洁净的清水冲洗干净虫体，沥干水分备用。

再次是深处理：将清洗沥干水分后的虫体进行固化后，再用脱水机进行脱水，然后进行脱脂、脱色处理。

最后就是制作：将处理好的黄粉虫进行高温灭菌处理，然后研磨成粉，再经过过滤、匀质等进一步的处理后，采用喷雾干燥等工艺制成乳白色粉状冲剂，然后包装就是成品了。

这种由黄粉虫生产的口服冲剂，蛋白质、微量元素、维生素含量丰富，适合配制滋补强身饲料及各种冷饮食品。

三、生产黄粉虫氨基酸口服液

用黄粉虫提取并生产氨基酸口服液需要以下几步。

第一是选料：选用体态完整的新鲜黄粉虫的幼虫或蛹。

第二是除杂：将选好的黄粉虫放在筛子上，先经过严格清理，去除杂质，清除消化道及分泌物，再用洁净的清水冲洗干净虫体，沥干水分备用。

第三是深处理：将清洗沥干水分后的虫体进行固化后，再用脱水机进行脱水，然后进行脱脂、脱色处理。

第四就是提取黄粉虫蛋白质：前面已经了解蛋白质的提取方法和技巧。黄粉虫蛋白质中氨基酸组成合理，可制取水解蛋白和氨基酸，两者虽然水解度不同，但都具有良好的水溶性。

第五就是进一步提取氨基酸：在提取蛋白后进行水解，水解的方法可采用酸法、碱法或酶法。一般采用酶解法制取复合氨基酸粉的含量最高。提取后的氨基酸具有极高的药用价值和工业价值，可用于加工保健食品、食品强化剂，也可用于治疗氨基酸缺乏症的药品。

最后就是制作黄粉虫氨基酸口服液：将水解得到的复合氨基酸产品，经烘干制成粉状成品。如要制成单一品种的氨基酸，可将复合氨基酸液进一步纯化分离、匀质调配、冷藏等处理，再装瓶、杀菌后制成某种氨基酸口服液。也可以直接用氨基酸干粉制成氨基酸软胶囊。

四、生产黄粉虫蛋白强化饮料

大多数饮料虽然含糖较高，但是蛋白质缺乏，营养不平衡，而黄粉虫却具有蛋白质含量高、营养全面的优势。为使饮料能够提供人体所需的蛋白质，可利用黄粉虫蛋白对饮料进行强化。

首先是选料：选用体态完整的新鲜黄粉虫的幼虫或蛹。

其次是除杂：将选好的黄粉虫放在筛子上，先经过严格清理，去除杂质，清除消化道及分泌物，再用洁净的清水冲洗干净虫体，沥干水分备用。

再次是制作饮料：由于饮料的成分或功能不相同，因此用黄粉虫对这些饮料进行强化的技术手段也有一定的区别。对于不含酸的清凉饮料，可将黄粉虫蛋白用酸化或酶催化法转化成可溶性蛋白质，然后按一定的比例添加到清凉饮料或碳酸饮料中进行强化；对于果汁饮料可采用双酶解法制取等电点溶解蛋白，作为果汁等软饮料的强化剂；如果对这些强化后的饮料配以蜂蜜、果汁，这些饮料中含有大量易被人体吸收的游离氨基酸、维生素和微量元素的含量也较高，是一种新型营养保健饮料，具有很高的营养价值，适合于运动员、婴幼儿、青少年及重体力劳动者饮用；另外，还可将黄粉虫蛋白与其他各种乳酸饮料中所含蛋白，按一定比例科学搭配，使动、植物蛋白得以互补，各种氨基酸构成比较平衡，从而提高饮料中的生物价值。

第四节　提取化工原料

一、提取几丁质

从黄粉虫中提取几丁质可能是黄粉虫作为工业价值的最主要体现了。

1. 几丁质

几丁质又叫壳多糖、甲壳质、明角质、聚乙酰氨基葡萄糖、甲壳素，是一种含氮多糖的高分子聚合物，学名为 β-（1,4）-N-乙酰氨基-2-脱氧-D-葡聚糖，几丁质广泛存在于低等动物中，特别是节肢动物（如昆虫、虾、蟹等）外壳的重要成分，也存在于低等植物（如真菌、藻类）的细胞中。几丁质及其衍生物具有无毒、无味、可生物降解等特点，在食品加工中可作絮凝剂、填充剂、增稠剂、脱色剂、稳定剂、防腐剂及人造肠衣、保鲜包装膜等多种用途。黄粉虫作为昆虫的一种，体内富含几丁质，因此可以开发几丁质为人类服务。

2. 从黄粉虫中制备几丁质

首先是选料：选用体态完整的新鲜黄粉虫，幼虫、蛹和成虫均可，黄粉虫成虫的骨骼、鞘翅，幼虫的表皮，蛹壳都是由几丁质构成的。

其次是除杂：将选好的黄粉虫放在筛子上，先经过严格清理，去除杂质，清除消化道及分泌物，再用洁净的清水冲洗干净虫体，沥干水分备用。

再次是提取几丁质：将黄粉虫经过酸浸、碱浸等处理方法除去蛋白、脂肪后，经过捎色和干燥就可以制取几丁质了。

3. 几丁质的作用

几丁质资源丰富，作用也很显著，广泛应用于各领域中，比纤维

素有更广泛的用途。在纺织印染行业中，用来处理棉毛织物，改善其耐折皱性；造纸上，作为纸张的施胶剂或增强助剂，提高印刷质量，改善机械性能，耐水性和电绝缘性能；在食品工业中，作为无毒性的絮凝剂，处理加工废水，同时对水果保鲜有重要作用，还可作为保健食品的添加剂、食物防腐剂、增稠剂、食品包装薄膜等；在医学上，几丁质及其衍生物具有许多医学功能和治疗作用，有的具有抗凝血性能，有的具有抗肿瘤效果，可制做手术缝合线，柔软，机械强度高，且易被机体吸收，免于拆线；几丁质在农业方面的应用十分广泛，可作为植物生长调节剂、饲料添加剂、土壤改良剂、果蔬保鲜剂、壳聚糖农药缓释剂、植物病害诱抗剂、杀菌、杀虫剂等。

二、制备抗菌肽

抗菌肽是昆虫体内由于外界刺激（包括物理、化学、病原微生物等）产生的具有抗菌、抗病毒等活性的小分子多肽。

正常情况下，黄粉虫体内没有抗菌肽存在，但在其虫体受到物理、化学刺激或病原微生物侵害时则可产生抗菌肽。

诱导黄粉虫体内产生抗菌肽的方法很多，一般以幼虫阶段诱导更为方便进行。可采用紫外光照射法，体内注射菌源法等。通过诱导黄粉虫产生抗菌肽，可进一步分析确定其结构，通过分子生物学手段，开发医用或农用新药物。

第五节　其他的应用

一、虫油的应用

黄粉虫产业可以为我国开辟新的能源资源宝库。

黄粉虫脂肪含量是比较高的，可以把脂肪提取出来做成油脂，根据相关资料表明，黄粉虫含油量一般是29%，利用油脂可制备降低血液胆固醇的药物、人造奶油、表面活性剂中间体等，也可用于制作肥皂、变压器用油、高级食用油、润滑油及增塑剂等。在我国，如果广为养殖黄粉虫，可年产动物脂肪几千万吨，转化为生物柴油后将部分缓解我国能源紧张状况。

在黄粉虫的各虫态期和幼虫期的不同阶段，它体内的脂肪含量是明显不同的。其中黄粉虫的初龄幼虫和中龄幼虫生长较快，新陈代谢也非常旺盛，它的体内脂肪含量相对是比较低的，蛋白质含量则较高。而那些老熟幼虫和蛹经过一段时间的营养积累，体内的脂肪含量较高，蛋白质含量相应较低。因此提取黄粉虫油脂时最好选择老熟幼虫和蛹期。

提取黄粉虫体内脂肪的方法有多种，现在一般采用有机溶剂萃取法，即将选好的黄粉虫经过清洗、干燥等处理后，将制作成的干虫或干粉，按一定比例加入石油醚，在一定温度条件下，反复浸提处理，再将浸提液进行蒸馏分离，回收石油醚并获得黄粉虫粗虫油，进一步纯化得到精致虫油。

黄粉虫脂肪是优质的油脂资源，富含不饱和脂肪酸，并且胆固醇含量低。因此，黄粉虫脂肪经加工纯化后可以直接食用，是具有特殊开发价值的较理想的食用脂肪。另外，黄粉虫脂肪还具有药理活性，可用于医药开发领域。

二、虫皮的应用

虫皮既可以提炼出用来做美容产品的物质，也可以用于提取甲壳素、生产壳聚糖等。

从虫皮中提取的高级甲壳素，一方面用于医疗保健，开拓了人类保健养生、延缓衰老滋补药品的新领域；另一方面则用于高级滋补性化妆品，由黄粉虫皮提炼出来用作美容产品的物质对于美容护肤、靓丽养颜的女性顾客有着广泛的市场需求。虫皮里的物质能有效地提高皮肤的抗皱功能，对皮肤病也有一定的治疗和缓解症状的作用。用黄粉虫的虫皮作为原料，提取 SOD 作为美容养生产品原料，其抗衰老、防皱、美白、养颜效果也优于现有市场产品。

从黄粉虫里提取出来的壳聚糖对人体各种生理代谢具有广泛调节作用，具有调节免疫、活化细胞、抑制老化、预防疾病、促进痊愈、调节人体生理功能六大功能。另外，壳聚糖的应用领域已拓展到工业、农业、环境保护、国防、人民生活等各方面。

三、虫粪的应用

黄粉虫粪便极为干燥，没有异味，是世界上唯一的像细沙一样的粪便，所以又称为沙粪（也叫粪沙），便于运输。黄粉虫粪沙是一种非常有效的生物有机肥及肥料促进剂，可作为饲料辅助添加剂，也可作为无公害名贵花卉专用肥和有机复合肥，黄粉虫虫粪沙的综合肥力是任何化肥和农家肥不可比拟的。虫粪沙是有自然气孔率很高的微小团粒结构，而且表面涂有黄粉虫消化道分泌液形成的微膜，对于土壤的氧含量具有直接的关系，可以有效地改善土壤结构，增肥地力，增加农作物产量、提高农产品品质，还能降低农业生产成本，促进种植业的发展。也可以将虫粪沙与农家肥、化肥混用，对其他肥料具有改性及促进肥效的作用。由于黄粉虫虫粪沙无任何异臭味和酸化腐败物产生，也就无蝇、蚊接近，因此，是城市居室养花的肥中上品。

此外，虫粪也可作为饲料应用于畜牧业和水产业，作为猪、鱼等饲料成分，饲喂效果良好。根据测试，1千克虫粪的营养成分相当于10千克家畜配合饲料，用虫粪喂猪、鱼、鸡、鸭等，比例是在畜禽饲料中加入15%的虫粪。猪、鱼等吃后生长较快。

最后一点作用就是夏季运输黄粉虫时，加入虫粪有减少虫体间摩擦降温作用，保证黄粉虫在运输中的成活率。

参考文献

陈彤，陈重光. 2000. 黄粉虫养殖与利用［M］. 北京：金盾出版社.

黄静，陈文华. 1998. 人工饲养黄粉虫［J］. 湖北植保（3）：27-28.

刘伯生. 1995. 黄粉虫的喂养技术［J］. 饲料工业，16（8）：36-37.

刘伟强，罗来凌，黄炳南，等. 1999. 黄粉虫幼虫营养成分分析［J］. 广东食品工业科技（1）：56-57.

刘玉升. 2006. 黄粉虫生产与综合应用技术［M］. 北京：中国农业出版社.

陆善旦. 2001. 地鳖虫黄粉虫饲养技术［M］. 南宁：广西科学技术出版社.

王晓容，黄小丹. 1996. 黄粉虫幼虫体中微量元素的测定［J］. 仲恺农业技术学院学报，9（2）：98-100.

王延年，郑忠庆. 1984. 昆虫人工饲料手册［M］. 上海：上海科学技术出版社.

王应昌，杜勤生. 1996. 黄粉虫幼虫饲养及其加工利用效果研究［J］. 河南农业大学学报，30（3）：288-292.

魏永平. 2001. 经济昆虫养殖与开发利用大全［M］. 北京：中国农业出版社.

徐任. 1997. 民以食为天［M］. 上海：世界图书出版公司.

杨冠煌. 1998. 中国昆虫资源利用和产业化［M］. 北京：中国农业出版社.

叶兴乾，苏平，胡萃. 1997. 黄粉虫主要营养成分的分析和评价［J］. 浙江农业大学学报，23（5）：35-38.

原国辉，郑红军. 2007. 黄粉虫蝇蛆养殖技术［M］. 郑州：河南科学技术出版社.

占家智，羊茜，吴青，等. 2002. 水产活饵料培育新技术［M］. 北京：金盾出版社.

张传溪，李宝娟，赵进. 1995. 温度对黄粉虫成虫繁殖的影响［J］. 华东昆虫学报，15（1）：40-41.

赵养昌. 1966. 中国仓库害虫［M］. 北京：科学出版社.